做孩子的心靈捕手

不打不罵才能教出好孩子

1－6歳 成功する！しつけの技術

前言

努力讓孩子接受「重要的NO」教養

一個四歲的小男孩，會打妹妹，只要父母稍微說他一下，惹他不高興的話，他就會生氣；如果不照他的意思做，就會又哭又鬧。父母覺得擔心，於是帶著他一起來接受教養諮詢。

剛開始時，我暫代父母親之職引導他進入符合他這一個年齡層教養的「聽話」課題。在我們的交談過程當中，他一開始不斷粗暴地說著「別再說了」、「不要、不要」這些話，且不斷反抗我的話。到後來，他卻突然大喊：「我，會努力！」接著下來，他的表情變得異常認真，也開始一一回應我所提出的問題。他的父母看了之後，非常感動。

他的爸爸語重心長地說：

「我們總是想，只要不斷疼愛他，總有一天，他一定會瞭解我們的苦心。但是，這樣似乎是有點太放縱他了。」

為了生活的規範、為了顧及到旁人，必須對孩子所提出的要求或所做出的行為有所限制。而為了讓孩子接受這種「重要的NO」，親子之間就會經常發生摩擦。到最後，父母們都會想要避免掉這樣的摩擦。這也都是因為父母找不到方法，不曉得該如何將NO傳達給孩子，孩子才能理解並接受。

責罵、冷處理、體罰。這樣的教養方式雖然沒有什麼效果，但也不能因為如此，就改變為——放縱、隨之起舞、順從。

這樣還是無法解決問題。

在本書中，我想傳達一些觀念和方法，教大家如何讓孩子理解並接受正確的規範，並透過教養加強親子關係，和孩子建立良性的溝通。此外，也從我的教養諮商網站上引用一些相關教養體驗，供各位讀者做為教養孩子時的參考。

目錄

媽媽，加油！

妳剛剛還吵著說不喜歡睡衣……。
媽媽，為什麼妳會讓我穿外出服睡覺呢？
啊？
是喔，原來妳是想要媽媽再多堅持一下啊。
原來妳是想要媽媽說「我知道妳想穿外出服，可是睡覺時就要穿睡衣」，才會那樣鬧的啊！
對啊！媽媽，妳要加油哦！

數天後……
育兒會托兒所
我不要在這裡！
哎呀……
我會努力乖乖坐在媽媽腿上。
嗯……
うーん
今天要帶著她嗎……
不行不行。
這也是我要修的課。
好！
妳不喜歡去對吧？媽媽今天一定要工作，雖然我知道妳會不開心，還是去托兒所吧。
我不要～
不要～

啪
我要跟媽媽說Bye—Bye
媽媽，Bye—Bye。
Bye—Bye
啪
嗚哈哈啊哈哈哈
……！
自從學會能坦率地說「不」後，我越來越能調適情緒的轉換了。
從此之後……
媽媽～幫我穿褲子～
啪搭趴搭
雖然小桃會踢著腳說不要不要，可是媽媽妳要努力幫我穿哦～
好！

不要跑~
不要不要~
來，我要穿了哦~
不要~不要~
上下亂踢
現在心情怎麼樣？
很開心！
都是因為認識了老師，
才能夠找回真正的親子幸福時光。

當個可靠的大姊頭

聽著！鋤強濟弱乃是普世之道。
不可以使用暴力哦。
我才剛說完耶，喂，一號小弟！
竟然欺負可愛的二號小弟，太不像話了！
大姊頭！
怎……怎麼了……這小子，怎麼突然變得那麼大。
如果人情義理敗壞，這個社會就會一片黑暗。妳在罵我之前，應該先聽聽我的說法，
這樣才合乎人情吧！

嗯，你說得很有道理。
好，我是應該聽，那你說說看吧。
妳要先抱著我。
這樣嗎？
不對，是這樣。大姊頭要變大才行。
好，我抱你，好乖，好乖。
放開我、放開我。
什麼，你希望我放開你嗎？
就算我說放開我，妳也不能放開哦，大姊頭！
什麼，原來是這樣啊。
放開我、放開我。
我不放、我不放。

嗚嗚～
哎呀呀，怎麼哭了。對不起，好啦，我放開你了。
就算我哭，妳也不能放開我。
那你說我到底應該怎麼做呢？
妳要緊緊地抱著我，哄我。
乖，不哭不哭。
因為、因為大姊頭都只疼二號小弟。
你怎麼這麼說呢，那是因為二號小弟還不熟悉這個家嘛。
我一定得照顧他才行啊，而且……

那種事我也知道！可是心裡就是不能接受嘛。
所以，妳只要問問我為什麼哭，然後說一定覺得很寂寞吧，這樣就好了啊。
嘎！
自從二號小弟出生後，
我就一直讓你這個寶貝感到很寂寞吧。
好乖好乖，一號小弟和二號小弟我都一樣疼哦。
嗚嗚嗚嗚嗚嗚……
我也最喜歡大姊頭了！
我也是。

何謂教養？

成為心靈的駕駛員

只要在嬰兒時期建立緊密的親子關係，長大後的教養就會很順利。不過，正式展開教養必需要從孩子一歲半過後脫離嬰兒期，可以靠自己獨力行走的時候開始。

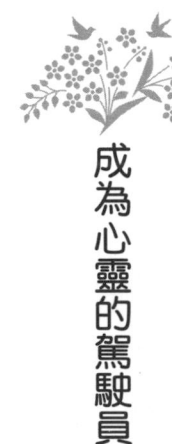

從這個時期到三歲左右，不需要依賴，可以靠自己站立，也就是所謂的自立期。這裡的自立並不單獨指能獨力行走這種身體上的意義而已，同時也代表著精神上的自立已經開始了。

在這個時候，孩子會開始強烈地希望能夠隨心所欲地控制自己的心靈和身體，並且能自由地探索這個世界，因此，會開始出現強烈的自我主張。一旦這些主張無法如願實現，就會使出撒嬌、耍賴的本領。如果怎麼樣都無法如願，就會氣得火冒三丈。

因此，一旦「自我主張、鬧脾氣、發火」這一套三連發式的症候群都出現的話，就代表孩子已經脫離嬰兒期了。這個時候，應該要煮紅豆飯（日本人在值得慶祝的日子都會吃紅豆飯）慶祝一下才對。

不過，也不能只是感到開心就好了。

既然孩子已經能體會到自我主張的樂趣，就應該給予孩子能自我主張的機會。不過，如果讓孩子各自隨心所欲地照自己的速度往前衝、任意在十字路口停下、或者逆向行駛的話，一定會造成大小車禍不斷。我們的社會也就是為了防止這樣的狀況，才會制訂交通規則及開車禮儀這些規範。

孩子也是一樣，唯有學會規則及禮儀，才能自由地、隨心所欲地在這個社會上活動。也就是說，唯有正確的限制，才能帶來真正的自由。

只要學會規距與禮儀，孩子才能成為自己人生的主角，一個能自由在自我的人生戲劇中演出的主角。

一個受自己的衝動及欲望控制的孩子，稱不上是自由的，他只是受到衝動及欲望的操弄而已。因此，我認為所謂教養的目標就是——「培育出心靈的駕駛員」。

我們「孩子能夠自由自在地控制自己的心靈」，而不是單純地將孩子變成一個順從、聽話的孩子。

不過，由於孩子還年幼，並不需要一一教導他們詳細的規則及禮儀，這些詳細的規則和禮儀只要在日後視狀況讓他們學習即可。一開始只要培養他們具備——「瞭解正確的規範及禮儀，同時也願意接受的態度」就可以了。

極端一點來說，也就是「要學會找到自我主張與自我控制的平衡點」。

所謂的自我主張，就像是要踩下心靈的油門一樣。

所謂的自我控制，就像是要踩下心靈的煞車一樣。

分清楚油門（自我主張）與煞車（自我控制），順利地分別踩踏，並遵照交通規則（規範及禮儀），朝著自己的目標控制方向盤前進。只要能學會這些，一切就會很完美了。

將來想要在這個社會上生存，對別人提出自己的主張，以及不堅持己見地接納別人的主張這兩種能力，都非常重要。無法提出自我的主張，在與他人相處時就會吃虧；相反地，自我控制能力太差，只會提出自我主張時，將會成為別人的拒絕往來戶。

因此，在從四歲左右即將正式進入社會團體生活之前，也就是一歲半至三歲之間，最好能同時培養這兩種能力。此外，能夠接受規範的基礎態度最好也要在這個時期養成。

話雖這麼說，究竟要如何做才能讓自我主張與自我控制這兩種難以並存的心理現象同時存在呢？

想要讓孩子學會如何區分油門與煞車的踩踏方式，做個安全駕駛，就必須讓他們去汽車駕訓班上課。

這裡所說的汽車駕訓班，其實就是家庭。

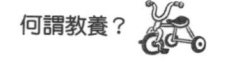

而駕駛訓練班的教練，就是父母。

訓練期大約是從一歲半至三歲左右。

時間的長短可以視孩子的狀況而決定，也可以稍微延長畢業的時間。有些孩子甚至會延到青春期。畢業時間不是越早越好，父母親不需要心急，重點在於一步一步地親切指導養成真正的實力。

已經取得心靈駕駛執照的孩子，在不久之後就可以進入孩子的社會，自由、愉快地四處往來。這是最令人期待的。

而駕駛汽車需要汽油燃料。對孩子來說，家庭、父母給予的安全感就是燃料。只要孩子能體驗到父母對自己全心全意付出的愛，自然就會產生安全感。每天開車四處活動，會逐漸消耗燃料，因此，必須在每次孩子燃料減少時幫他們加滿油。安全感這種汽油，就像是每天三餐一樣。因此，父母不僅是汽車駕訓班，同時也是加油站。

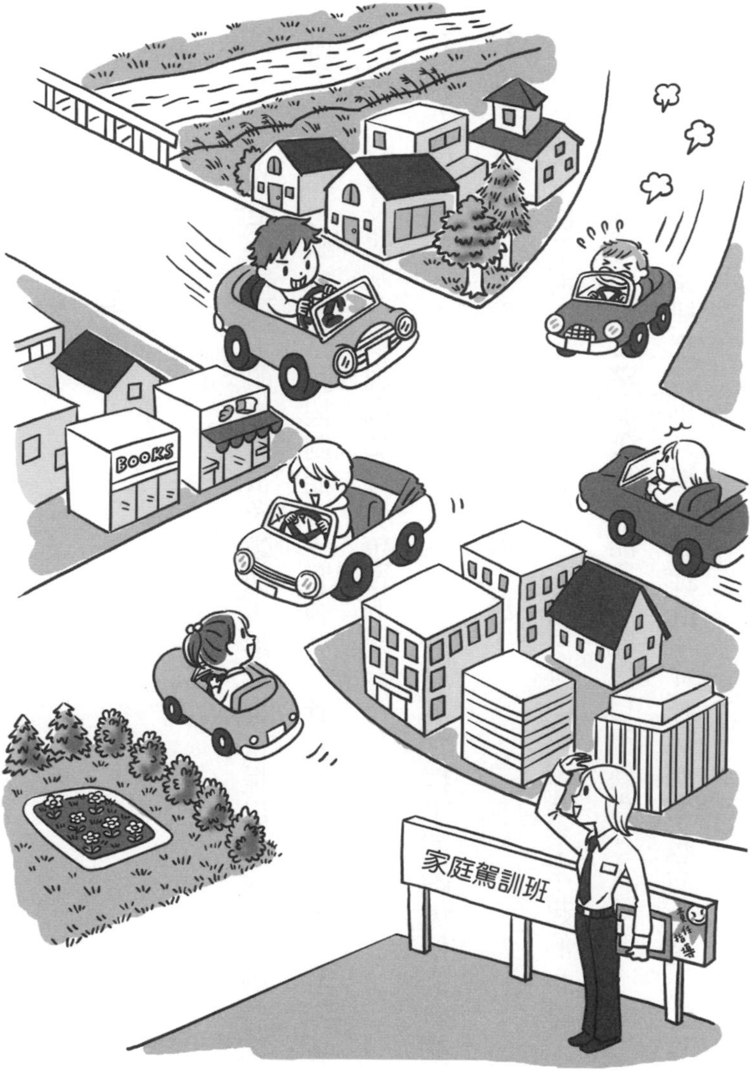
BOOKS
家庭駕訓班

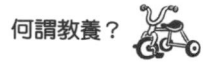

孩子也有上進心

值得慶幸的是，當孩子開始有很多想法、越來越常提出自我主張的時期，同時也是開始能稍微發揮自我控制能力，且會暫時性地將自我欲望往後延期的時期。孩子的成長機制可以說就是這麼精密的設計。

而且，當孩子在接受父母的教養時，並不是心不甘情不願的，他們會開心地聽父母所說的話，並希望能獲得父母的引導。

換句話說，孩子本來就具有上進心，希望自己能成為了不起的哥哥、姊姊；同時也具有自尊心，希望能讓父母開心，能以自己為傲。

你或許無法想像家裡那個平常蠻不講理的、任性的孩子也有上進心和自尊心吧？

沒錯！孩子們確實具備了上進心和自尊心。如果你從表面上看不出來，那只是因為這些特質被隱藏著，還沒有顯現出來而已。

接下來要介紹的故事，就是一個才剛滿兩歲的小男孩主動說出「我不想再喝奶了」的話，來鼓勵一個捨不得放手、「還不想讓孩子斷奶」的媽媽，並促使媽媽下定決心的故事。

龍樹一直很喜歡喝母奶。早晚都要喝母奶，直到他懂得要求抱抱之前。

我之所以會這樣一直讓他喝母奶，是有我的理由的。對於那個來到我身邊的神聖小生命來說，我代表的就是這個世界。因此，我必須要為他建造一個有求必應的世界。在嬰兒時期，只要他一哭，我就餵他母奶；等到他能爬會走後，只要他來找我要奶喝，我就會餵他……這一切對我來說是毫無疑問的。

第一次推開諮商室的大門時，秀雄老師告訴我：「這麼重要的母奶只有在他真正想喝的時候才會覺得好喝，不要將媽媽的懷抱變成避風港。」後來龍樹終於學會在他覺得無聊、感覺身體疼痛難過時，不是躲到媽媽的懷裡，而是誠實地面對自己的情緒，痛快地大哭一場。

而我也在龍樹的面前下定決心，只要龍樹的上進心開始萌芽，說出「我不要喝了，我要當哥哥」這種話時，我絕對不會將那片嫩芽摘掉。

但是，那個日子大概還在很遙遠的未來吧！說不定上了國中後，還會說要喝母奶。那位媽媽滿臉得意地說著。

但是，幾天之後，就發生了這樣的事——

我跟龍樹打了一聲招呼後，走進廁所，等上完廁所要出來時，突然聽到外面傳來「砰」的關門聲。我輕輕地打開門，發現龍樹正在哭。這時候，他又哭著要把門關起來，還說：

「不行。媽媽，Bye-Bye。」

「……什麼？」

我想回到房裡，但才剛滿兩歲的他卻使出全力阻擋我，要把我往外推。

「媽媽，Bye-Bye。ㄋㄟㄋㄟ，Bye-Bye。」

對不起，昨天晚上喝啤酒了。

「今天早上的ㄋㄟㄋㄟ很難喝吧。對不起，我以後會注意的。」

「不是啦，ㄋㄟㄋㄟ，Bye-Bye。」

……龍樹的情緒很不穩定，頭一直搖個不停。

「你不是要說很難喝嗎？那麼，你以後都不喝了嗎？那麼好喝的、你最喜歡的ㄋㄟㄋㄟ，你不喝了嗎？」

「嗯，ㄋㄟㄋㄟ，Bye-Bye。」

雖然嘴裡那麼說，心裡一定還想再喝，應該只是隨便說說的吧。而且，等一下要睡覺時怎麼辦呢？

可是……這是龍樹展現出來的上進心！如果被我破壞，那就糟了！

「我知道了，龍樹。謝謝你告訴我。龍樹已經長大了，所以不喝ㄋㄟㄋㄟ了是嗎。可以自己決定真了不起耶。」

以前在諮商室發牢騷說：「我絕對不要讓龍樹斷奶。我喜歡讓他喝母奶，如果他不喝了，我心裡會很空虛的。」

那位媽媽在其他女性成員的擁抱鼓勵下，最後終於下定決心，要讓龍樹喝最後的一次母奶。

龍樹很慎重地、安靜地喝了最後一次的母奶。那真的是一段肅穆、富足、幸福的時光。

「可以了嗎？」

「嗯。」

「謝謝你，龍樹。要跟它說謝謝嗎？」

「嗯。」

龍樹將小巧可愛的手指併攏，輕輕地、溫柔地撫摸我的乳房，完成「感恩」的儀式。啊啊，這真的是一場訣別吧。那是發生在龍樹兩歲生日後第十天的事。

到目前為止，我們感覺「這件事做得很棒」，但這一天接下來的時間其實是既漫長又慘烈。因為我們母子兩個人都一樣，終日惶惶不安，眼淚乾了又濕、濕了又乾。

龍樹畢竟還是想喝，尤其是到了想睡覺的時候，更是控制不住。

「我要喝ㄋㄟㄋㄟ，我討厭Bye-Bye。」說著說著嚎啕大哭了起來。

因為我已經做好心理準備，要仔細斟酌孩子想上進的欲望；因此，我並沒有把他的話當真，反而繼續站在他的立場，以同理的態度對他說：

「雖然你嘴上說討厭Bye-Bye，可是，你心裡其實很想克服的吧。」

母子兩個人一起痛快地大哭一場後，情緒慢慢地穩定下來。而在一樣令人擔心的夜晚過去後，從第二天開始，龍樹就慢慢地越睡越安穩了。

幾天後，我回想當初是為了什麼而哭，才發現原來那是一種「瞭解過去一直都很幸福」的感覺，而不是一種「寂寞」的感覺。同時，也是一種想向全世界大聲高喊，並希望大家能和我同享感動的心情，還有對於了不起的龍樹感到尊敬。如果要用言語表達的話，就是那樣的感覺吧。

縱使孩子有上進心和自尊心，但是只要缺乏父母的幫助，就無法發揮。

上進心與不願放棄的心情

當不願放棄的心情超越上進心，孩子就無法同理大人的想法並聽話。

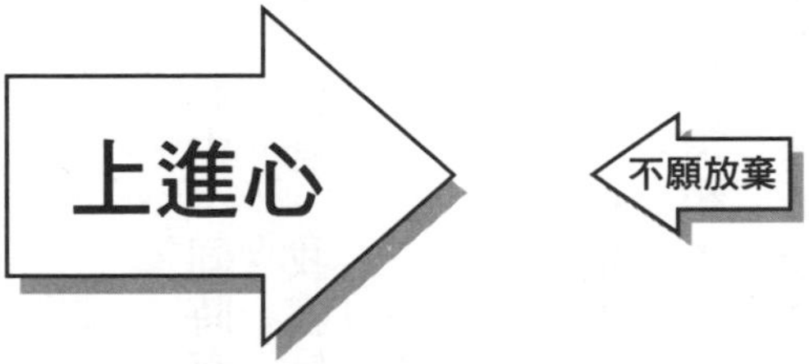

當上進心超越不願放棄的心情，內心糾葛就會轉為同理與接納。

讓內心的糾葛轉換為同理與接納

窺視孩子的內心，我們會發現在他們的心中，同時有「媽媽說的話很有道理，我可以聽得懂」的這種上進心，以及「但是，我就是想這樣做嘛」的這種捨不得放棄的心情在糾纏著。

他們不會向父母傳達出「我是有上進心的！」

他們只會向父母展現出不願意放棄的情緒。這是因為他們希望父母能為他們加油打氣，幫助他們斬斷那種不願意放棄的情緒。

這種天人交戰的結果會是如何呢？能否到達最後聽話的目的？這都要視兩種情緒的拉鋸來決定。如果是像上一頁的上圖所示，就表示不願放棄的心情戰勝了；相反地，如果是下圖的那種拉鋸關係，孩子就會同理並接納大人的想法，然後轉化為「好！那我就做吧」的心情。

當糾葛轉換為同理與接納時，自然就能完成教養的目標。但是，孩子很難獨力克服那種糾葛，絕對需要父母的一臂之力。當孩子知道父母會伸出援手時，他們就能安心地將那股不願放棄的情緒發洩到父母身上。而當父母體諒孩子那種無法一下子就乖乖聽話的心情，並以同理心鼓勵他們說：

「可是，還是要這樣做哦。」

孩子們內心的糾葛就會轉化為親子之間的糾葛。換句話說，為了幫助孩子跨越自己心中的糾葛，父母就必須認真地克服親子之間的糾葛。

如果父母只是一味逃避那種糾葛，孩子也就無法克服自己內心的糾葛。一旦陷入這種狀況，親子雙方都會感到沮喪。總之，教養的互動不是雙贏，就是兩敗俱傷。

自我控制
自我主張
Yes!日本第一!
我愛你哦!

無效的（？）教養

對孩子百依百順

有些人認為，不管孩子想做什麼、不想做什麼，只要完全給予尊重，孩子就能感受到父母的誠意與愛，也會漸漸地瞭解自己應該要聽父母的話。能夠重視孩子的要求，並給予滿足，這樣的父母心真是太美好了。

然而即使是如此，偶爾還是會遇到教養不順利的狀況。這都是因為即使孩子堅持己見，說「我想要這樣」、「我不要」時，他們所提出的願望未必就是自己真心希望實現的重要願望。

因此，只要父母能夠學會如何分辨出是孩子表面的耍賴還是真正重要的期望，那就等於是在教養上能更加得心應手。

只要能聽出孩子真正想要的是什麼，一定就能順利地進行教養。

用道理說服

即使是年紀小的孩子，也有他的理解能力。因此，不是用強制高壓的手段，而是設法讓孩子理解，讓他們先接納我們的想法之後再去做。父母心就是這麼樣的美好。

即使如此，偶爾還是會遇到教養瓶頸。而這都是因為孩子有一個複雜的心靈構造，才會造成這種雖然理智上能理解，但行動上卻無法停止，或者大腦能夠理解，情感上卻無法接受的狀況。

只要父母能夠瞭解孩子的這種心靈構造，那在教養上等於是事半功倍。

總之，能確實地學會如何迅速判斷什麼樣的狀況適合講道理，什麼樣的狀況不適合，一定就能順利完成教養。

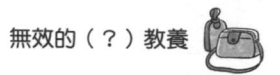

情緒化的責罵

很多家長都曾經因為孩子不聽話就發脾氣，或情緒化地罵孩子。其實父母在責罵時的本意都是好的，都是出於強烈地希望自己能夠盡力地讓孩子瞭解某些事情的重要性。

然而明明是出於好意，卻偶爾還是會遇到教養不順利的情況，我想這應該是因為父母都沒有注意到，情緒的表現對孩子來說是與父母的好意同等重要的。

一個人之所以會情緒失控，是因為自己的想法無法實現所產生的內心糾葛。因此，首先要理解這一點並原諒自己，然後認同並接納孩子也跟大人一樣有相同的內心糾葛而造成他不聽話。只要了解到這一點，教養起來就比較容易了。

當親子在相處過程中，總是對彼此釋出善意，教養一定就會變得順利。

打小孩

要引導孩子，光是遠遠地大聲喊他們是沒有效果的，偶爾也要積極熱情地和孩子靠在一起，要有親密的肢體動作、肌膚接觸。這一點是身為父母自然就會做的事。

即使父母的心意如此良善，偶爾還是會遇到教養上的瓶頸。這是因為雖然父母態度積極，充滿著對孩子的愛，但這樣的積極卻是以粗暴的方式加諸在孩子身上。因此，這難得的喜愛之情就無法傳達出去讓孩子瞭解，而父母的焦躁也會隨之放大，最後就不由得抬起手、伸出手來了。

因此，只要能夠學會如何將這一心一意的愛成功地傳達給孩子的技巧，在教養上就能打動孩子的心。孩子瞭解父母對他們的愛，教養就會順利。

威脅・哄騙

父母有時候會以「如果你不聽話，警察會來抓你」、「我要跟爸爸說」這種藉助他人的力量，或者像「如果你聽話，我就買糖果給你」等藉助對孩子有吸引力的物質力量來協助完成教養的目的。這都是父母希望能夠和孩子好好溝通，讓孩子理解並接納好意的父母心。

即使父母這麼用心，偶爾還是會出現不如父母所預期的情況。而這其實都是因為孩子並不希望父母藉助外界的力量來與他們溝通，而是希望父母能直接將自己的真正的心意如實說出來。

父母只要能注意到這一點，直接將自己的真心傳達出去就可以溝通順暢了。父母的真心能傳達給孩子，一定可以讓教養更順利。

利用暴力讓孩子聽話

教養孩子時，有時候會認為多說無益，而出現使用暴力要孩子聽話的狀況。父母會這樣做，是因為他們知道在教養孩子時，父母擁有主導權是很重要的。

即使如此，偶爾還是會出現教養不順利的狀況。而這都是因為孩子內心希望父母能夠先聽聽自己的想法並接納所致。

因此，只要平常能夠藉由身體的接觸傳達彼此的心情與感覺，就會對溝通有所幫助。

當彼此之間的感覺能夠傳達無礙時，一定就可以把教養做得更好。

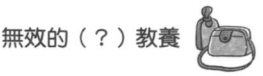

不理不睬

當孩子不聽話時，有些父母會說「既然這樣，我就把你留在這裡」或者「你就自己在這裡哭吧」等等的話，並冷冷地將孩子推開。這都是因為父母相信孩子可以獨立，同時也期待孩子能自己想清楚的善意。

即使如此，偶爾還是會出現非父母所預期的情況。這都是因為孩子還不能獨立，很難如父母的期待般自己就把道理想清楚。

因此，父母只要學會如何去協助孩子獨立發展，學會如何放手並成為孩子的支柱，那就是一項重要的教養「Know-how」。

總之，即使不狠心地推開孩子，只要能協助他們獨立發展，就一定可以教養順利。

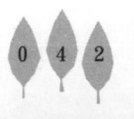

孩子能理解的教養①

重建身為父母的威嚴

大哥與小弟的關係

負起教養的責任、主導教養的人，是父母。

我認為所謂的教養，就是「父母將孩子視為一個獨立個體，予以尊重，和孩子站在對等的立場，視為親子的共同工作來經營。只要這樣做，教養就會很順利」。

但是，要對教養負起責任，並主導教養的人是父母，而需要被帶領的則是孩子。

我之所以要強調這一點，是因為父母的角色本來就是應該要幫助孩子，讓他們學習自我控制，並教導他們生活規則；然而，我們這些做父母的卻經常在不自覺中，就對孩子所提出的要求讓步，並完全照著孩子所說的話去做。

因此，在教養的對話中，面對孩子的正確說話方式應該是如下的方式。

「我們來做～吧！」

「你要去做～哦。」

當然，有時候稍微讓步或妥協是可以接受的，但是，我們最後卻往往會演變成是以——

「你要做～嗎？」

「我們來做～好嗎？」

這種以詢問孩子意願的方式來交談。

其實，孩子的自我發展才剛起步，他們的步伐還很不穩定，還不能依靠，所以他們經常會被不成熟的情緒所打敗，一下子就被擊倒下去。

所以，在孩子還無法靠自己的力量駕駛「自我」這輛車時，父母應該坐在副駕駛座上，並在必要的時候，提供援助來支持孩子的自我發展。

因此，親子之間雖然是基於人與人之間的對等關係，但同時也是引導者以及被引導者角色的關係。

為了讓大家更容易瞭解親子之間的關係，我經常會以「師傅」或「大哥」這種說法來比喻。

父母就是師傅，孩子就是學徒。這種關係不能逆轉，不能讓孩子變成師傅，父母變成學徒。不管多麼疼愛自己的孩子，這樣的關係就是不可行的。

雖然我們的目標是要讓孩子成為自己的主人，但為了要達成這樣的目標，父母就得先成為教導孩子的師傅。在父母的引導下，不斷反覆體驗父母對自己的支持，在這樣的過程中，那些體驗會逐漸地內化，並在孩子的內心中孕育出一個值得依靠的引導者（師傅、大哥）。

在這樣的內化過程中，父母就可以漸漸地將師傅的寶座讓給孩子自己了。而一旦孩子成為自己的主人時，他們就能夠靠自己的雙手駕馭自己的心靈。

為了達成這樣的目標，父母也必須要成為自己的主人，時時注重自我的再教育。因為如果父母被自己不成熟的心智所打敗，就無法順利地進行對孩子的教養。

父母成為自己的主人

←

父母成為孩子的師傅

←

孩子成為自己的主人

請先好好思考一下這樣的先後順序！

這裡所說的大哥，當然不是指那種只會指使小弟，不准小弟開口的黑社會老大，而是取其正向的意義。換句話說，就是——

「有領導力，有包容力」。

「值得信賴，而且體貼」。

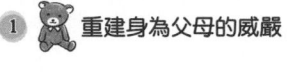

「會親自教導我們重要的事」。

「可以讓自己安心，可將自己交給他」。

應該是這樣的感覺吧。後面將介紹一些讓我有這些體驗的媽媽經驗談，她們總是以「溫柔的威嚴」來說明這一點。

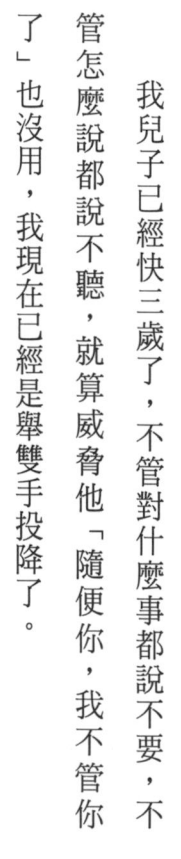

能打動人心的訓誡法

我兒子已經快三歲了，不管對什麼事都說不要，不管怎麼說都說不聽，就算威脅他「隨便你，我不管你了」也沒用，我現在已經是舉雙手投降了。

由於婚姻失敗，回到娘家住，不管是扮演妻子或母

親的角色，我都已經失去了信心，甚至要得憂鬱症了。

就在我準備帶孩子到諮商室尋求協助時，剛好發生了一件神奇的事，那件事讓我有了新的領悟，在這裡我要分享我的經驗。

有一天，我帶兒子去看牙醫，他還是和平常一樣，在接受治療時一直哭鬧不休。

最後，牙醫忍不住了，嚴肅地跟他說。

「你再一直哭的話，我就要叫你回去了哦。我知道你不喜歡治療，可是，你還是得自己漱口！」

結果，我兒子雖然還是嗚咽地哭著，卻意外地仍照著醫師所說的話做了。

我看到這一幕時，心裡覺得他好可憐。

但是，說到我這個兒子，真是太令人意外了。因為實在沒想到他在被罵之後，竟然顯得很開心。

從那一天之後，他就變得比以前聽話了。每當我要他做什麼事時，他一開始都會先說不要不要，接著就會說「好啦」。另外，他還會很努力地想要去照顧比他小的男孩，也會露出開心的笑容。

他現在會乖乖刷牙了，自己脫下鞋子後也會擺好，而且開始在生活中展現出許多乖巧的一面了。

現在我終於瞭解，其實他一直都很努力地想要長大，而牙醫訓誡他的一番話，似乎是相當程度地打動了他的內心。

這位媽媽回顧她過去的教養方式後，發現自己以前會被孩子搞得暈頭轉向，那都是因為孩子根本就打從心底輕視自己。所以她在反省過後，認為不能

只疼小孩而已，該嚴格的時候就應該嚴格，這一點也是很重要的。

「但也不能只是嚴格而已，必須是要用觸動孩子內心的訓誡法才行。」

「我得解開這個秘密。」

於是，那位媽媽開始進行瞭解。

到底怎麼跟孩子說才可以打動孩子的內心呢？

外公有時候也會說他，感覺就是有股奇妙的嚴厲；至於外婆說他時，則表現出「喔」的樣子。至於我，不是情緒化地歇斯底里，就是感到束手無策。總之，家裡沒有人用牙醫那樣的方式說動他。

「牙醫師的威嚴中還帶有一點溫柔。」

「是有威嚴的溫柔。」

「嚴厲和威嚴是不一樣的。」

「那種威嚴到底是從何而來的呢？」

「表情？聲音？說話方式？用字遣詞？因為體諒孩子的心情嗎？因為抱持著教導的愛嗎？」

「牙醫師本身的形象就是一個巨大的存在。」

「那種存在感轉化為有威嚴的溫柔表情、聲音、說話方式、用字遣詞等方式展現出來！」

或許這位媽媽在自己的成長過程中，從沒有這樣被對待過。不論聽別人怎麼說、或看多少書，只要自己沒有體驗過，就無法產生實際的感受。如此一來，就算自己想做，也是很困難的一件事。

但是，在親眼看見牙醫師的實例後，這位媽媽似乎已經能有所領會了。

「雖然我還沒有辦法像牙醫師那樣有威嚴地指正孩子……但我會加強建立自己的自信，就算孩子哭了，也絕不退縮。我不會嚴厲地壓迫孩子，造成孩子畏首畏尾、或愛反抗的個性；而是會以讓孩子有一點點害怕的方式，與其說是訓誡更正確地說，應該是以開導的方式來讓孩子瞭解什麼才是正確的。」

她勇敢地下定決心。

即使妳自認為「我沒有那樣的威嚴感。」也沒關係。

只要父母訂立一個目標，確立自己的想法（心智成熟的狀態），這樣的威嚴感就會油然而生了。

另外，小男孩因為被醫生訓誡而開心，這件事對媽媽來說似乎也很感意外。而這應該也為她建立了一個嶄新的兒童觀，知道原來「孩子是有上進心的」。

為了支持孩子的上進心而訓誡，和先入為主地認為孩子本來就很任性的想法而責罵，這兩種方法不僅會在父母的教養方式上產生差異，在孩子接受的態度上也會自然地產出差異。

一罵人就情緒失控

有一位媽媽只要看到姊妹開始吵架，劈頭就會先說：「不要再吵了！」然後就會情緒高漲地繼續說：「為什麼都已經講過那麼多次了，還是不聽呢！」

最後甚至會說出：「既然妳們那麼愛吵，到外面去吵！」

有一次，姊姊小萌哭著說：「我不喜歡媽媽叫我們出去……」

「對啊，妳們不喜歡我叫妳們出去吧，那樣會覺得很孤單吧。」當媽媽以同理心，站在她們的立場說話時，小萌難過地哭了。

「可是媽媽之所以會責罵小萌和小春，是因為妳們兩個是我最愛、最寶貝的……」

媽媽說到這裡時，連自己也感到意外。

「啊，原來如此，我一直以為自己是因為小孩做錯事，才會罵她們（確實是如此）；但事實上是因為我愛她們、重視她們，所以才會罵人。可是，我並沒有讓她們理解到這一點，所以小萌才會這麼感到難過。原來是我沒有把這麼重要的事讓她們知道。」

當她發現到這一點後，就重新將這一點傳達給自己的孩子了。

「小萌，媽媽之所以會罵小萌和小春，並不是因為討厭做錯事的妳，是因為我很愛妳們，才會責罵妳們。正因為我很愛妳們、很重視妳們，才要阻止妳們做錯事，而這也是媽媽應該做的事。正因為我很愛妳們，才希望妳們可以和睦相處，正因為我很愛妳們，才不希望妳們受傷。」

說完後，我將小萌緊緊抱過來，她嗚咽地哭泣了起來（此時所流的眼淚應該是從「悲傷」中解放出來的眼淚，以及感受到媽媽的「愛」而開心流下的眼淚吧）。

因為以前一直沒有讓她們知道這一點，所以小萌才會那麼難過，但要傳達這一點，首先媽媽自己必須要先有所察覺才行。

我們常聽人說，情緒性的發怒與理性的責罵是不一樣的。但是，如果是為了孩子著想，認真要責罵的話，說話方式很自然地就會比較熱切，也比較容易情緒化。

但是，無自覺地發洩怒氣的責罵法，以及有自覺地基於疼愛、重視的訓誡法，雖然兩種方法都摻雜了情緒，但責罵方式就是完全不同。總的來說，就是威嚇的罵法或威嚴的罵法間的差異，讓兩顆心分離的方式與讓心靈相連的方式的差異。

今天我們兩個人說了很多話。

小萌才三歲，但是已經很懂事了。當我認真地傳達我內心的感覺時，她一直看著我的雙眼聽我說，還不斷點頭表示「我懂了」。等我說完後，她可能是覺得很安心了吧，一下子就睡著了。

親子間的牽絆，這種關係真的是很緊密，而孩子對父母的表現其實也都是很敏感的。

既然孩子都能察覺，那就不能因為他們還小就輕看他們，而是應該要確確實實地告訴他們要怎麼做，而我也會認真地陪在一旁。這是我今天最深刻的體驗。只有像這樣實際透過交談達到彼此的瞭解，才會發現親子間的牽絆勝過一切，而這就是一種幸福、一種珍貴的寶物。

和孩子過的每一天，父母也會再次想起自己的童年時光，並對許多事物都會有新的認知。換句話說，在養育孩子的同時，父母的人生也將重新活一次……。

我一直深深認為教養就是具有這樣的一面。雖然偶爾也會抱怨生產之苦，或者碰到難過的情緒，但只要能勇敢面對不逃避，就離幸福更近一步了。

就在今天的這一刻，我有了這樣的感受。

誠如我在「前言」所提「親子間的牽絆會透過教養產生更強的連結，教養是非常美好的互動」，現在大家應該都能有所體會了吧。

包容・溫柔・和藹

當父母的內心越成熟，就越可能掌握孩子。不論是不聽話的孩子，還是正在哭泣或發怒的孩子，父母都能抱持著包容的態度，擁抱孩子的心靈與身體。

當你閱讀這本書時，學習到將重要的王牌（武器）拿到手後，內心自然會產生一種遊刃有餘的感覺。這時候，不論孩子擺出什麼樣的態度，你都可以從容地改變對應的方式。

另外，孩子之所以會耍賴、反抗，並不是在否定父母本身，相反地，他們是在依賴、是在求助、是在撒嬌。只要瞭解這一點，即使孩子不聽話時，你將不會覺得生氣，而能以幽默且和藹的方式見招拆招。不聽話也很可愛、哭和生氣也很可愛、聽懂話後接受的認真表情也很可愛，這一切都會讓父母覺得莞爾。

漸漸地，父母不會再不分青紅皂白就生氣，甚至連需要責罵的次數也會越來越減少。相對地，如果父母不夠成熟，需要罵人的次數就會增加。這可是完全不同於過去的主張。

不完全順著孩子的心意，也不過度嚴厲。而是對孩子包容、溫柔、和藹。對孩子來說，這樣最能為他們帶來喜悅與安全感。教養就是愛！孩子的反抗其實是一種撒嬌。

我這種個性，
也能變成熟嗎？
好！
我要更成熟！
咦？
在下定決心時，就已經長大了哦。
微笑
推薦妳讀阿部老師的下一本著作。

孩子能理解的教養②

抱持同理心

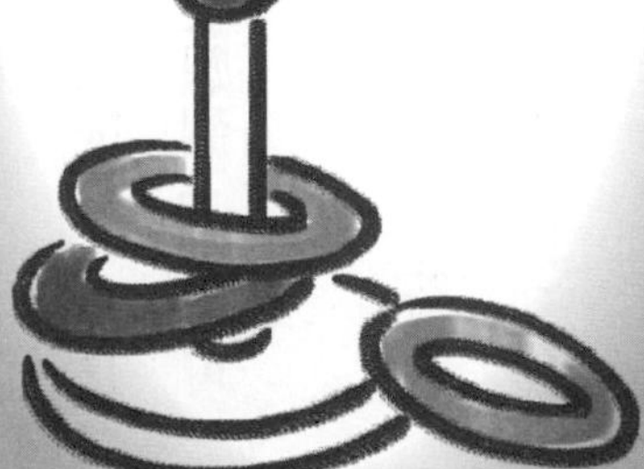

別人能理解自己的心情，是一件令人開心的事

即使是大人也一樣，只要別人能理解自己的心情，就會感到很開心，也比較容易體諒對方。當你在訴說一個希望別人傾聽的心情時，只要想到「有人可以瞭解我的心情」，就會馬上顯得精神百倍。

相反地，即使對方是出於善意，只要他忍不住在話中加入自己的意見或建議，就會覺得「其實他只要抱持同理心聽我說就可以了」，而會因此感到焦躁。

這樣的經驗想必大家都有吧。

那孩子就更不用說了。

當孩子耍賴、反抗時，只要媽媽站在孩子的立場，說：

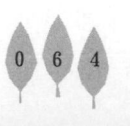

「原來你是想這樣說的啊。」

「你是不得已才這麼做的吧。」

「原來你是這麼依賴我啊。」

孩子就會高興得飛上天了。

接下來的經驗談，是一位媽媽的同理心像魔法般感動孩子的實例。

傍晚五點過後，我和兒子一起到附近的公園去，由於我們和爺爺、奶奶約好要在五點半時一起去吃飯，所以我事先告訴兒子：「玩一下就要去吃飯，一下子就要回家了哦。」不過我還是有點擔心，怕他不肯乖乖回家。

果不其然，我擔心的事發生了。在五點二十五分左右，我跟兒子說：「回家吧，要和爺爺奶奶去吃飯了哦。」他只回答「不要」，就完全不聽我說話，自顧自地在玩。當我硬要抱他回去時，他不斷地試圖要掙脫；而一隻手還拿著玩具的我，抱不住他，最後只好把他放下，然後說：「那媽媽要自己一個人回去了哦。」並佯裝要回去的樣子。但是，他並沒有開口要我等他。因為當時已經五點半了，我真的是束手無策。

這時候，我突然想起「只要體會一下兒子的心情就好了」這件事，於是，我自顧自地對兒子說「人家還不想回去嘛！媽媽」、「我還想在公園多玩一會兒嘛！」結果，他馬上就靠過來說：「媽媽，我們回家吧。」（當然他還不會說話，只是用身體表示而已）。因為時間緊迫無法讓他慢慢走，所以我就抱著他回家了。已經很久沒有這麼地能夠瞭解兒子的心情了，所以我感到非常開心……。

只要稍微站在孩子的立場思考，幫忙猜想他們的情緒，一切都可以變得很順利。然而，實際做起來是非常困難，通常最後還是會被自己的堅持或情緒給打敗。這一次的經驗讓我再度深深地體會到，不論是大人或小孩，只要別人能瞭解自己的心情，就會感到安心、開心。

媽媽瞭解我的心情，和我有同感。

對這個小男孩來說，是再開心不過的事了。這和不聽媽媽的話，任性地一直在公園玩比起來，這樣的喜悅是勝過幾倍、幾十倍的。

當然，並不是只要由衷地同理孩子，那麼不論何時何地，孩子都會主動聽話。因此，我才會在這一章節的內容當中介紹了7種「孩子能理解的教養」方法。話雖如此，認同孩子情緒的這個作法，不論在什麼時候、什麼狀況下，它都是教養的根本，是和孩子互動時的基本禮節。

接下來要介紹的例子，是一位媽媽在回顧過去的教養歷程後，藉由向孩子傳遞自己對其情緒的認同，而徹底改變了親子關係與教養方式。

我兒子在三歲半之前，是個開朗、溫和、有活力的孩子，經常讓我感到很自傲。但從三歲半之後，他的妹妹剛滿一歲半起，個性就驟然改變。

愛生氣、耍賴、半夜哭泣……我對他的煩惱是用多少文字也訴說不完的。過去曾經試過要把心情寫出來，但因為內容冗長，無止無盡，所以就放棄了。

「教養要到什麼時候才能結束呢？這孩子以後會變得怎麼樣呢？」

我感到非常地不安。

就在這個時候，剛好看到老師的書。讀著讀著，我的心靈和身體漸漸感到放鬆，最後還流下了眼淚。

因為書是在半夜的時候看的，當下實在很想快點將我的心情傳達給我的兒子知道。天亮後，當兒子一醒來，我立刻對他說：

「以前真是辛苦你了，你非常地努力。媽媽對不起你，我一直沒有試著去瞭解你。」

結果，我兒子眼眶含著淚，對我說：

「其實我在哭的時候，就是想要媽媽抱抱。」

這時候，我們才有了真正的母子間的擁抱，而離上一次這樣的擁抱，已經有很長的一段時間了。

從那一刻起，他又回到了以前那個開朗、溫和、有活力的孩子。這一切可以說真是令人驚奇連連。

其實，我自己也知道，改變最多的人正是我。

因為後來連要說他的時候，我還是感到很開心。

因為我認為——

「訓誡＝教導這個孩子的機會」！

我重新找回了做為一個母親的自信。教養對我來說，又成為一件開心的事了。真的非常感謝老師讓我有這樣的感受。

我們目前和公婆一起住，兒子的所謂的叛逆行為也把這個家庭逐漸導向一個更好的方向。

至於這一段故事，也是說來話長，在此就不談了……。

連訓誡的時候也會因為想到「訓誡＝教導這個孩子的機會」而感到開心，能夠達到這個境界，想必也是個教養達人了。

最後提到小男孩的叛逆行為將整個家庭導向一個更好的方向，這不知道是什麼意思？而且，究竟是用什麼樣的方式呢？

我好想知道，真的想知道。

真正的期望與表面的要求

從前面的例子可以發現，當孩子央求要在公園多玩一會兒時，那到底是不是他真心的想法呢？這只要從期望實現後，孩子是不是感到開心、生龍活虎地玩著，就可以知道了。如果看起來很開心，就表示那是他真正的期望。

如果是孩子真心的期望，那麼就要盡可能地實現它。我想一般父母都會這樣想吧。

但是，早就已經和爺爺奶奶有約了，不可能讓他實現這個願望，其實，孩子自己也知道這一點。而且，和在公園繼續玩比較起來，赴約是更重要的，這一點他也知道。

但是，要讓年幼的孩子主動說出「因為有重要的約會，所以回家吧」是相當困難的一件事。因此，在孩子能理解並接受必須回家的事實之前，就只能由父母來引導了。

當孩子堅持說自己想要做什麼，或者說現在玩得正開心還想再繼續玩時，如果那是和幸福成長有關的真心期望，就要盡可能給予實現。即使無法做到，也要對於他們堅持的心情抱持同理。

即使是因為期望遭到拒絕而哭鬧、生氣，也可以瞭解他們是因為無法如願而感到懊惱、傷心的。

自己的心情受到重視，並給予認同，這是最叫人開心的事。而且，唯有內心產生這樣的開心情緒後，才能放棄自己認為非常重要的期望，並順從地接受教養。

舉例來說，請想像一下這樣的場景。

媽媽到托兒所去，看到自己的兒子光著腳在玩。當媽媽問他為什麼沒有穿鞋時，他開心地回答：

「光著腳在泥巴裡面走路好好玩哦。」

當媽媽對他說，差不多該回家了時，他「嗯」地回答了一聲，然後就去洗腳、穿鞋。

如果是這樣，就表示光著腳玩是這個孩子的真心期望。

但是，我偶爾總會看到孩子明明玩得不開心，卻還是堅持不要回家。就像這個場景一樣。

媽媽到托兒所去，看到自己的兒子光著腳在玩。媽媽催他說：

「穿上鞋子回家吧。」

他卻不斷哭喊著說：

「我不要穿鞋子。」

後來媽媽讓步了，說：

「那好吧，你就光腳走回家吧。」

小男孩卻哭得更慘，然後開始耍賴說：

「我還不想回家。」

當媽媽不理他時，他又開始說：

「揹我。」

我們來回想一下，這個小男孩最初的要求是「我不想穿鞋子」，但是，顯然地那並不是他真正的期望。因為當媽媽同意他可以不穿鞋子時，他一點也沒有表現出如願以償的樣子。

接下來又說「我還不想回家」、「揹我」，這些看起來都是裝模作樣，並不是他真心的期望。

其實那些都不是他真心的期望，但是，他還沒辦法說出——

「雖然我沒辦法表達得很好，但其實我有一個真心的期望。」

因此，表面的要求便一個接一個地不斷擴大下去。

那麼，這個小男孩真心的期望到底是什麼呢？

光靠眼前的狀況是判斷不出來的。

這樣的情況持續了幾天呢？還是當天才出現的呢？他早上出門時的狀況怎麼樣呢？……如果能這樣仔細地回想，或許就能釐清問題所在了。例如，可能是和其他小朋友吵架吵輸了，很懊惱（只有當天才出現時）；或者是媽媽最近很沒精神，所以孩子很擔心（這樣的狀況已經持續幾天時）……

是表面的要求，還是真心的期望，這只要看期望實現時孩子的樣子就可以知道。不過，只要逐漸熟悉孩子的行為模式，就算沒有實現他的期望，還是可以理出頭緒。有時候可以從孩子最近比較浮躁、沒有精神……這類日常的狀態去判斷；也可以利用自己的直覺，從孩子異於往常的要求來判斷。

舉例來說，如果孩子在睡前要求父母唸故事書給他聽，但卻又不認真聽，只是一直要求父母再唸一本、再唸一本時，應該就要懷疑他是否真心想要父母念故事書給他聽了。

在這個時候，就要先暫停順從他的要求，靜下心來好好跟孩子聊聊，試著讓他說出真正的期望到底是什麼。當然，我並不是說在找出他真心的期望之前，不可以試圖要教他道理，但那確定是毫無幫助的。

前幾天我才幫一位讓媽媽傷透腦筋的不聽話三歲小女孩與媽媽進行諮商。

我對小女孩說：

「妳躺好喔，我要幫妳動動身體做體操哦。」

我要讓她做的體操並沒有特別的意義，只是因為「這樣對孩子來說，並不是自己被要求去做什麼，只是躺著讓大人幫忙動動腳而已」。

因此，這是最容易的一個課題。而且這和刷牙、吃飯不一樣，在諮商室也可以輕易進行。

其他的所有體操在我的引導和鼓勵之下，她都予以回應；但是，唯獨在做需要她膝蓋彎曲、大腿張開的體操時，她堅持不讓我這樣做。

於是，我詢問她的媽媽：

「張開大腿，這讓妳想到什麼事嗎？」

「兩歲的時候，她曾經住院接受泌尿科的治療。」媽媽想起當時的事。

「現在想起來，那個治療還蠻痛苦的。可是，當時只求治好她的病，所以並沒有設身處地去考慮到她的感受。」

當一旁的小女孩聽到媽媽這樣說之後，母女間的親情似乎產生了連結，而小女孩也變得比較聽話了。

這個小女孩一直希望媽媽能瞭解自己住院接受治療時所受的痛苦，而這個期望一直延續到現在。不過，要能立刻猜測出來也不是一件簡單的事。但是，即使無法知道「是什麼」，也要體諒一定是「有什麼」。因為與其探索原因和理由，對孩子目前的心情表示同理是最重要的。

光是這樣做，孩子就會很開心了。即使那件事非常重要，非常希望父母能瞭解，但在父母注意到之前，他們應該還是會耐心等候。或者等他們更會表達之後，可能就會用自己的話說出來了。

因此，即使父母明明覺得孩子提出的要求並非出自真心，而且可能是因為有某種期望未獲得滿足，但現下又無法順利傳達出來才會如此耍賴。只要瞭解他們現在只能用這種方式表現自己，只能以這種形式向我們撒嬌，也要同理那已經是孩子用盡全力的撒嬌方式了。

或許父母們會想說：「為什麼要那樣拐彎抹角，為什麼不好好地說清楚到底想要什麼呢？」但是請記住，孩子就是因為缺乏那樣的能力，才會那麼困擾啊。

同理與接納

縱使孩子堅持己見，硬要提出並非出自真心的要求，而父母也無法接受時，至少可以同理他們堅持的方式和一定得堅持的心情。不論那是真正的期望或是表面的要求，認同他們堅持的心情，你就可以接納孩子的情緒。

如此一來，孩子就能因為自己的心情被接納而比較容易願意放下繼續玩的念頭，轉而接受父母「回家吧」的提議。這不就是一種公平的、相互都能理解的互動模式嗎？

自己的心情能受到別人的重視，並產生共鳴，世上沒有什麼事比這更叫人

開心了。正因為有這樣的喜悅，才能放棄某個對自己來說確實是非常重要的想法，並接受父母的要求。

因此，如果孩子氣嘟嘟地邊抱怨，或者邊哭著照父母的話去做，那種狀況反而是比較理想的狀態。

光是抱怨而不聽話，這樣是很令人困擾的；但如果都不抱怨，也不哭，毫無表示就乖乖聽話的話，壓力就會不斷地累積也會形成問題。

有些孩子我們不也常看到從小一直很聽話，也很乖巧聰明，但突然有一天變得不聽話、容易發怒、暴躁、抓狂嗎？

摘月亮給我！
不可能的事！
噓！
我也希望可以摘到。

孩子能理解的教養③

聽孩子的心聲

站在對等的立場溝通

所謂教養，是要對孩子的行為設定一個有意義的、重要的限制。但這個限制絕對不可以是父母將自己的主張單向地「強加」在孩子身上。對於孩子的想法與心情，父母必須傾聽，如果是父母也能理解的，就可以讓步。像這樣就彼此的想法互相溝通，就可以從過程中逐漸找到彼此都能理解的最佳方案。

只要父母能像這樣不對孩子的看法嗤之以鼻，站在對等的立場傾聽孩子的想法，站在對等的立場與孩子溝通，孩子也能實際感受到自己是被視為一個擁有重要的意願與期望的獨立個體並受到尊重。而這樣的感受本身就能讓人感到愉快。

另外，只要孩子逐漸習慣這樣的溝通、對談，就能幫助他們將來在出社會時，不會莽撞地堅持己見，也不會畏首畏尾地不敢表達自己的想法，而是能夠站在與朋友對等的立場，和諧地與人溝通。

和孩子溝通時，父母一般都會採取下列的步驟：

①說明理由：

「我們已經和爺爺、奶奶約好要一起吃飯了。」

②在可接受的範圍內讓步：

「那麼，只能再玩十分鐘哦。」

③提出替代方案：

「今天就先回去，明天再來玩吧。」

但是，在讓步或提出替代方案時，記得要避免逾越應有的限度，否則就會變成是完全順從孩子的意思而毫無原則了。「雖然要讓爺爺、奶奶等，可是，你還想再多玩一會兒吧。那就只好讓他們等了。」這樣的讓步就過度了。

「如果你現在回去的話，我等一下會買玩具給你哦。」這樣的替代方案也是過頭了。

盡量尊重孩子的自我主張

透過溝通，有時可以達到雙方都能接受的妥協，但是，有時還是會出現一定要孩子服從父母的狀況。另外，甚至還會發生無法理性溝通的狀況。

尊重對方的狀況，這也是我們希望孩子學習到的一種重要的生活規則。因此，像這樣「媽媽今天非常累，沒辦法帶你去外面玩」單方面地要求孩子聽話是可以的。

但是，要時常提醒自己要盡量尊重孩子正當的自我主張。因為每當我們這些父母們為了每天的生活忙得暈頭轉向時，就很容易出現下列的情景。

「看不下去了。」（其實孩子正在從錯誤的嘗試中學習，父母卻忍不住想要直接告訴孩子答案）

「聽不下去了。」（其實孩子正努力地想表達意見，卻因為說得結結巴巴的，讓父母焦急得打斷孩子的話）

「沒辦法再等了。」（孩子走路慢吞吞的，所以就拉著孩子的手快步走）

其實，在這些時候，父母只要認同孩子想要獨立完成的意願，不著痕跡地支持孩子想要自己做的心情，讓孩子體會到能夠自己完成的滿足感就可以了。而即使失敗了，孩子也是正透過失敗在學習，因此，絕對不要輕易以「不是已經跟你說過了嗎！」這種話來潑孩子冷水。

接下來的例子是一位媽媽和兒子對如何到才藝教室去的路徑進行討論，而最後達成共識的實例。溝通結果是去程依照媽媽的方式，回程依照兒子的提案。

結果，這對母子不僅在當下能夠彼此接受對方，連親子關係也因此獲得改善。

上次去找老師回來後，我兒子突然對我說：「媽媽，我最愛妳了。」這讓我嚇了一大跳。而從那天的隔天起，我兒子連續三天大哭，哭完後，他一天一天越變越好。

有一次到超市去，他吵著說要把所有的兒童咖哩都買齊。我心想「又來了」的時候，他開始在店內大哭大鬧了起來，於是，我們立刻走到店外去。我在店外，抱著他並且對他說「你很想要吧，你全部都想要吧，但是媽媽只能買一個哦」。這段話反覆說了十五分鐘左右。

雖然大家一直在看我們，我還是努力地堅持下去。最後，他終於可以接受我說的話，開心地回到店裡，並且自己選購了一種咖哩。

隔天，我們要出門準備去上英語課，但是因為下雨，我決定要從離家比較近的公車站搭公車，而回程時也要搭公車。對於要帶一個還走不好路的孩子出門的媽媽來說，這是最好的方法了。

去程時我們順利地搭上公車，當回程，我們又準備往公車站前進時，我兒子突然說：「我要搭電車。」並且怎麼也說不聽。因此，我只好又開始在雨中和他展開十分鐘的溝通。

但是，他這次一點都沒有要讓步的樣子。再加上我心裡很清楚自己為了圖方便才決定搭公車的，因此，最後我決定依孩子的意見，搭電車回家。

不過，這時候我提出了一個條件：因為雨勢很大，所以從車站到回家的路上，絕對不可以說出「抱抱」的話。到車站後，他還是又說出「抱抱」這句話來；但在我說「我們已經說好，如果要搭電車，就要自己走回家」時，他便乖乖地自己走起來，而且還一路走到家。

而這件事也讓他的行為出現了明顯的轉變。在那之後，他就不會在外出時說出「抱抱」這句話了。而且從那次以後，他變得非常開朗、健談，而且看起來總是很開心，和我的關係也變得非常好。每當我說「我們來做～吧」，他就會大聲回答：「好，我知道了！」

上面這個例子中的媽媽所提出的，從英語教室要搭公車回家的提議，是以孩子走不了太多路為考量，但是孩子卻堅持要搭電車回家。從孩子的立場來看，這大概是因為他希望媽媽能夠鼓勵不太願意試試看的自己，並且好好地完成目標給媽媽看吧。

由內至外的法則

像這個孩子一樣在超市這類的公共場所吵鬧，無論如何一定會成為吸引大家的目光焦點。而如果孩子躺在地上耍賴，那情況就更為嚴重了。

在這個時候，周遭的目光未必是善意的。之所以會這樣，這是因為對許多人來說，不論是自己生氣或是被惹火，都不是一個美好的回憶。

因此，如果這樣的狀況是發生在需要擔心別人目光的公共場所，這時無須

動怒只要將孩子抱起，並配合孩子的哭聲，一邊說：

「我想買每一種兒童咖哩。」

「可是，不能買，不能買。」

「嘿咻、嘿咻！」

像這樣先化解現場尷尬的氣氛，然後再迅速地把孩子抱至人煙較少的地方。

一般來說，只要孩子在家裡可以充分練習這種同理的對談方式，以後就不會在外面吵得天翻地覆，而且也會變得比較聽話。不過，如果在家裡練習不足，那麼耍賴的戲碼就會從家裡擴大到外面去。而這就是所謂的「由內至外的法則」。

所以，我想玩久一點
回家
玩
我懂了……
可是……

孩子能理解的教養④

牽著孩子的手引導他們

親密的肌膚接觸

和孩子開心地玩遊戲時，或者要傳達給孩子安全感與自己對孩子的喜愛之情時，都會牽著孩子的手，做肢體上的接觸。

而當孩子感到悲傷或沮喪，父母想要安慰他們時，也會握著他們的手，或者緊緊地擁抱他們。

當要引導孩子時，也是可以在必要的時候適度地伸出手或用肢體接觸來阻止或者引導他們，這樣孩子也會比較容易接受。換句話說，這就是一種以親密的肌膚接觸來教導孩子的方法。

請想一想，當在要求孩子聽話時，我們做父母的是不是經常從離孩子比較遠的地方出聲，而且打算就這樣指使孩子付諸行動呢。

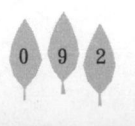

但是，其實父母不曉得孩子到底有沒有聽到，而孩子們也通常不會立刻採取行動。

這時候，父母不會因失望而放棄，反而會急躁地破口大罵。

不過，就算是成人，也是會有猶豫不決的時候，這時候總希望別人會來推我們一把。

對象換成小孩子那就更不用說了。

如前所述，孩子的內心經常會有「必須聽話」的上進心與「可是……」的眷戀之心在不斷地拔河。

當孩子假裝沒有聽到父母的話時，就表示他們不願放棄的心情超越了必須聽話的情緒。

但是，只要父母在這個時候稍微牽起孩子的手引導他，必須聽話的情緒就會被帶動，而孩子也會出人意料地馬上回答：

「好，我知道了。」

只要牽起孩子的手引導一下，你就會實際感受到「結果竟然差這麼多」。因此，請不要吝惜把你的手伸出去哦。

不過，這裡要注意的是「在必要的時候，只適度地出手」。

所謂必要的時候，這比較好懂。就是如果只要出聲，孩子就能接收到訊息，那當然只要做到這裡就夠了。

而所謂適度地出手，舉例來說就是要求孩子將正在玩的玩具收起來的時候這樣的狀況下。出聲後再等一會兒，看準適當的時機，邊出聲邊將手放到孩子的背上，如果孩子立即說「嗯，我知道了」這樣就夠了。

但是，如果這樣孩子還是遲遲不肯行動，可能就必須做到將玩具放到孩子手上的程度；如果這時候孩子肯開始收玩具，就可以把你的手從孩子的手腕、手肘、肩膀慢慢往上收回。

當孩子已經有心要做了，就不需要伸出你的手；相反地，如果你的手一直不伸出去，孩子就會感受到挫折。因此，在最恰當的時候，適度地出手，這樣是最理想的作法。

基本上，我們不可能永遠都能在最恰當的時機做最對的事；因此，我們只要牢記這個作法，並時時提醒自己要這樣做就可以了。

另外一項重點是不要強力脅迫，但也不可以毫無魄力，而是要以大方包容孩子情緒的手，牢牢地掌握。

孩子的情緒裡面，摻雜了想隨心所欲的心情、想聽父母的話的心情、想表現得像個大哥哥大姊姊的心情，以及有點怕麻煩的心情……等等。對於這些心情，父母要抱持同理心，以「我可以瞭解你的那些心情」的態度來包容，同時以——

「可是，我們要這樣做。」

「我也會體諒你不願意做的心情。」

這類的話來引導他們。

牽著手引導
孩子
玩具

孩子會將不願放棄的情緒發洩在父母身上

在牽起孩子的手時，孩子有時候也會開始鬧彆扭。

這是為什麼呢？

其實當父母牽起孩子的手，與孩子有肌膚上的接觸時，孩子不只會覺得——

「我本來就想做了，但本來無法獨力完成的事，在獲得父母的鼓勵後，就變得比較容易實行了。」

甚至會有「本來就希望能放開一切，請父母聽聽我的想法，但卻不敢做。這種心情在彼此有了肌膚接觸後，似乎就能輕易地表達出來了」的狀況。

換句話說，就是比較敢說出內心的不滿。

而這也是因為我們人具備了一種美妙的構造，可以讓我們藉由肌膚的接觸，讓情緒更容易表達出來。

想聽話的心情以及不想立刻聽話的心情交錯纏繞，而不論是哪一種心情，都會因為肢體接觸而獲得鼓勵、誘發，進而活躍起來。

因此，只要不想立刻聽話的情緒沒那麼強，想聽話的情緒就會獲得鼓勵，並很容易就轉換為「嗯，我懂了」的情緒。

不過，如果不想立刻聽話的情緒比較強，就會因為和父母的手接觸後，使得情緒被激發，並開始出現「不要、不願意」的訴求。

或許孩子會說出「不要、不願意」，或者也會甩開父母的手，以身體來表達自我的想法，但請不要就此放開孩子，還是要緊握他們的手，並以——

孩子：「不要，不要！」

爸媽：「要啦，要啦！」

孩子：「不要，不要！」

爸媽：「好啦，好啦。」

配合孩子的節奏，抱持同理，以寬容的態度委婉地和孩子互動。由於孩子只是在以他們的身體撒嬌而已，所以不要當真，也不要不知所措，只要面帶微笑地享受對談的樂趣即可。

當聲音和身體都表現出不願意的意思，而情緒也能被父母親所接受時，孩子就會感到很滿足。

爸媽：「可是，還是要做哦。」

孩子：「嗯，知道了。」

並接受爸媽的意見。

即使無法立即達到這樣的結果，至少還是會有——

「好吧，算了。」

「沒辦法，只好做了。」

這種程度的理解。

五成對五成的力道

爸媽藉由肢體的接觸，可以傳達出「站在爸媽的立場，我希望你這樣做」這種鼓勵的心情，以及「可是，真的無法順從你的想法」的這種同理心。

相對地，孩子也會用身體將「沒錯，我就是這種心情」的感覺傳達給父母。

這是一種對話，但有時候甚至會成為一種比語言更雄辯的、更具說服力的對話。

因為在孩子說出不要的話語時，與其只用語言表達理解孩子說不要的心情，還不如緊緊握住孩子的手；而當孩子想要用力甩開手，以身體表達他不願意的心情時，要注意手不可以被甩掉，還是要繼續緊握孩子的手，並以身體來

回應可以理解孩子不願意的心情。這樣的作法才能夠讓孩子更容易理解父母的心意。

但要注意的是，由於是對話，如果握手或推背的力道太強，就會成為一種單向的、不准孩子發問的表現，這樣就很難讓孩子接受父母的心情；相反地，如果力道太弱，手被甩掉時，就會被孩子視為是不可依靠的。

基本上，在引導或阻止時，親子要以五成對五成的力道進行。不過，在要表達「真的很討厭吧」的共鳴時，就要以四成對六成力道的方式進行；而要以「不過，還是這樣做吧」來引導時，就要採六成對四成力道的方式。

像這樣有彈性的收放，就跟在演奏手風琴時的感覺一樣。總之，只要根據情緒的互動自然地變換力道，就會是一場成功的溝通。

另外，在手放置的位置或方式上也要下功夫，要注意不要因為拉扯而造成脫臼等意外。

開始哭泣時的肌膚接觸

有時候，孩子會因為肢體的接觸而開始哭泣，或者生氣，這時候，還是要抱緊他、握住他的手，或者運用親蜜的肌膚接觸，說些「我了解、我了解……」的話來安慰他就可以了。

有一次，我到托兒所去演講，到了晚上8點時演講結束，聽眾們到另一間教室去帶他們的孩子回家。這時候，有一個兩歲左右的小男孩，他卻跑到別的教室去，而且一頭鑽進桌子底，一直不肯回家。

他的媽媽可能是認為孩子還想再繼續玩，於是就一直在一旁溫柔地守候著。但是，在這裡等了這麼久，終於可以見到媽媽了，為什麼小男孩都不去跟媽媽撒嬌呢？

在其他小朋友都紛紛離開了之後，他終於肯走到外面去，只是這次，又有新花招了。他不和媽媽牽手，就算媽媽伸出手來，也立刻把媽媽的手撥開，到處走來走去。

我在一旁觀察著，最後我伸出我的手，他一點也沒有抗拒，就這樣牽著我的手一步一步地往前走。只差沒說出：

「媽媽，妳看，妳看。其實我就是想要像這樣和媽媽一起走路的哦。」

後來我和媽媽換手，由媽媽緊握著小男孩的手時，小男孩馬上表現出不願意的樣子，還有點想把手甩開的意思。

後來這個動作終於停止了，我看見母子兩人融洽地走在路上，而過了一會兒後，小男孩哭了起來。

這個小男孩到底是以什麼樣的心情在撒嬌著的呢？或許是很久沒看到媽媽，所以感到很孤單吧。也可能是因為平常不太會撒嬌的小男孩現在終於可以撒嬌了，單純因為這樣才想哭的吧。

前輩媽媽的經驗談

有一位媽媽到諮商室來跟我談了好幾次後，現在終於對教育三個孩子有滿滿的自信。接下來，我就來介紹這位媽媽的教養經驗，看看她是如何牽著孩子的手，與孩子溝通的。

有一次，老大和老二一起到祖父母家去住，當三個孩子只剩下一個在家時，不管做什麼，都覺得輕鬆許多。不管是時間上也好、心情上也好，都非常從容，感覺真的很好。這時候，我當然就能夠單獨以老三為對象，將在諮商室學到的「療傷時刻」，一點一點地加入日常生活裡。而且，是用滿滿的時間和思緒。

最近老三（一歲）最愛鬧脾氣的一件事是「刷牙」。我想應該有很多媽媽也對這件事感到很困擾吧。

「好了，來刷牙吧！」每當我說完這句話時，他一定馬上逃走。這時候，我就會以跟他玩的方式去追他。「我抓到你了。」抓到他時，我會先輕輕地抱住他，然後讓他逃走一次。

接下來，我會再去追他，等抓到時，就說：「我抓到你了。」然後再輕輕地抱住他。等到他的身體比較沒那麼出力時，就引導他躺到我的腿上。因為這個時候還是會出現一點小抵抗，所以接下來，我會支撐住他的身體，然後讓他像蹺蹺板一樣，一下子躺下，一下子坐起來。

在這個過程當中，我還會反覆地說著：「我討厭刷牙（孩子的心情），可是，還是要刷牙（媽媽的心情）。」並試著去抵抗或者跟隨孩子反抗的力道。從讓他躺下開始，他會開始哭，但是我還是笑咪咪的，就好像在跟他玩遊戲一樣。

雖然只是刷牙的小事，但孩子會在這時候把平常累積的壓力全部都丟給我；所以，如果是忙碌的早晨，我會照慣例處理一切事物，但如果是空閒的夜晚，我就會暫時把所有心力都放在「只不過是刷牙而已」的這件小事上。慢慢地，即使他還是會哭，但最後都會張開嘴巴，乖乖地躺著不亂動讓我刷牙。

在經過這樣互動後的隔天早上，他說他討厭去托兒所。這時候，我心想「啊啊，原來他平常是那麼努力地在抑制自己不想去托兒所的心情啊」；於是，到了托兒所時，我在玄關前面陪他充分發洩「不想去」的情緒，過了一會兒後，才帶他進去找老師。

結果，他很快就走到老師身邊，跟我說再見。雖然他的臉上還掛著淚，但他很堅定地看著我，我彷彿可以感覺到，他是在對我說：「路上小心！」

這一次，託孩子的福，我又在「媽媽」的成長路上往前邁了一大步。

上了一年級後，終於敢說出口了

前幾天才剛聽一位爸爸苦笑著說，當他抱著一直扭動、一刻也靜不下來的三歲兒子時，因為孩子一直掙扎、一直說不要，所以他就把孩子放下來。結果，他的孩子竟然在這時候對他說：

「爸爸，不要把我放下來。」

對我們這些格外疼愛孩子的父母來說，當然會想讓孩子自由地做他們自己想做的事，而且也不會強迫他們做他們不願意做的事。

但是，這樣的心情有時候反而會惹禍。

例如：

「我說不要，但請不要停止。」

「雖然覺得討厭，但不是真的討厭。」

即使這些是孩子真心的期望，但父母最後還是會很輕易地將孩子表面上的不願意當真。如果我們的孩子們都可以像這個三歲的小男孩一樣，不放棄地告訴我們該怎麼做，那對父母來說將會產生很大的幫助。

接下來要介紹的例子是一個小學一年級的學生。他的父母來找我諮詢，希望他能重拾表達自我意見的心情。而現在，他已經能夠將他內心真正的願望傳達給他的父母親了。

老實說，剛到老師那邊時，心裡是帶著些許不安的。

「小透已經六歲了，如果照老師的作法去做而失敗的話，不是反而會傷害他嗎？」

我是抱著這樣的心情來見老師的。誠如老師所言，我面對小透的態度並不積極，甚至還可能對他的脾氣或話語感到恐懼。我已經快要沒有自信了，無法抱著「我可是你媽耶」這種理直氣壯的姿態。

不過，我這樣是不對的。或許對小透來說，我從來就不是一個好媽媽；但是，我還是很重視他、很寶貝他，我是這樣一路地將他養大的。所以，我認為我還是可以很有自信地以身為小透媽媽的立場來跟他做情緒的溝通。

於是，就在昨天早上，因為他還不想起床，我硬把他叫起來，所以他開始鬧脾氣。我試著壓住他的身體，但因為時間的關係，沒有堅持下去，做到一半就放棄了，並讓他去上學。

從學校回來之後，他很開心地和五、六個朋友在家裡玩，傍晚五點過後，我們送其中的一個小朋友回家，我讓兩歲的妹妹坐在腳踏車上，而小透則和朋友走在一起。

回程的路上，在離家約三十公尺的地方，小透開始吵著說：

「我也要坐腳踏車！」

雖然我說：「快要到家了，再努力一下吧。」

他還是非常抗拒。不過，我就這樣一路敷衍他，一直到回到家為止。

一進入玄關時，小透開始狂哭起來。這時候，我已經不是抱緊他而已了，而是用力壓住他，而這個狀態持續了三十分鐘。

小透整個人像瘋了一樣，不斷地說著：

「放開我！妳這個混蛋！妳這個笨女人！滾開……！」

「算了啦！放手！放開我！」

雖然我在這個過程中逐漸失去自信，但我心想：如果在這個時候放棄，一切又會回到原點！我要相信老師，一直撐到他哭累為止。

幸好我們家離鄰居家有一段距離，不必擔心會影響到別人，因此，我告訴我自己，一定要貫徹到底。

「什麼叫算了啦！」我問他。

「妳都不讓我坐腳踏車，妳好壞！」他哭著大喊。

「對不起，是因為我只讓妹妹坐，沒有讓你坐，你才哭的嗎？」

「沒錯！妳好壞，妳好壞！」

小透又開始大哭。

過了一會兒，我覺得他的心情已經平復了，但由於他還是不斷說：「放開我。」所以我就稍微鬆開手，沒想到，他竟然企圖往二樓跑。

他反覆這個動作好幾次，但我還是不死心，一直使勁地抱住他，結果，接下來，他竟說了好幾次——

「妳跟平常一樣就好了！」

這時候，我猛然驚覺到一件事。從小透三歲起，每當他鬧脾氣而跑開時，我都是任由他離開，不會去追他。

（我心想：原來如此啊，當時他是希望我留住他的啊！）

當我把這個心情告訴小透後，他就比較平靜了。本來我想找他一起泡澡，但他好像很累，而且說他睏了，所以我就抱著他睡。結果，他很快就睡著了。

從那一次之後，小透在每次起床時，心情似乎都很好。

我原本以為那天的事不會讓他有太大的改變，但沒想到，他今天從學校回來後，竟然就來黏著我。這是怎麼一回事呢？他主動來抱我，主動地告訴我學校發生的事，一切真是太令人驚訝了。由於太開心了，很想向老師報告，所以就寫了這封信。

「妳跟平常一樣就好了！」這句話的意思就是「妳每次都不管我，我很生氣」。而當孩子無法坦率表達心情時，就會形成「不用你管」的這種偏差態度，而父母也會信以為真。因此，在日常生活中，要時時留意孩子是否能夠坦率地提出自我的訴求。

像在換尿布時，不讓孩子站起來，讓他躺著換；或者在危險的馬路上，牽著孩子的手走等等。只要不斷利用這些可以輕易引導孩子聽話的肌膚接觸，培養孩子能夠表達自己的心情，能接受父母的心情，漸漸地，即使父母沒有一一牽手引導，而光以話語傳達孩子也會理解的。

不過，衷心希望各位，如果遇到必要的狀況，還是不能吝嗇以肢體肌膚的接觸來引導孩子聽話。在這樣的互動中，當孩子湧現懊悔或者難過的情緒時，安慰式的肌膚接觸也是很重要的。而當親子能夠在同樣的心情下達成溝通的課題時，也不要忘了給予彼此一個愛的擁抱。

媽媽，不要輸給我哦！
嗯……
聽話界線

孩子能理解的教養⑤

孩子哭了，就安慰他

引導孩子哭出來

在牽著手引導孩子的過程中，如果孩子哭了，只要對他想哭的情緒表示同理，並以包容的心安撫他即可。當事情不能順自己的意時，孩子自然會產生懊惱、難過的情緒，藉由哭可以從這種情緒中解脫。如果能再加上父母的安撫，哭泣本身所具備的自然治癒力就會發揮效果。當心靈傷口痊癒，恢復健康時，我們想要教孩子的事，自然就能傳達了。

十幾年前，日本風靡一種「不讓孩子哭的教育法」，現在的年輕父母本身可能就是從小在這種教育風潮下成長的。因此，這些父母對「讓孩子哭、安慰孩子、等心情平復後停止哭泣」的這種作法一直無法做得很好，使得孩子被迫在不太會哭的狀態下就要開始被教導。

這樣的現象在現在並不罕見。

戰爭時期提倡「哭就輸了」，而戰後要和飢餓奮戰，經濟高度成長期要經歷公司與公司、個人與個人的激烈競爭。在這樣的歷史過程中，不可以哭的成人生存法則反映在教育上，就發展出了「不讓孩子哭的教育法」。

事實上，比較理想的作法應該是「讓孩子哭泣、安慰孩子、等孩子心情平復後停止哭泣」的這種能夠以哭泣發洩情緒的狀態下進入教養期才對。

懂得哭泣，可以說是懂得提出訴求、擅長表達的起點。

引導孩子哭泣，這在斷奶的問題上，更顯重要。本來應該是「溫暖而可靠的懷抱」，但在現實生活裡，對不懂得以哭泣發洩情緒的孩子來說，卻經常成為「逃避現實的懷抱」。因此，當斷奶使得孩子失去可以停止哭泣的懷抱時，過去一直強忍住的情緒就會爆發；而「不要跟ㄋㄟㄋㄟ說再見，不要」的這種想哭的情緒也會滿溢出來，並演變為驚人的吵鬧。

在這個時候，只能採取兩段式作法。先讓孩子在想喝的時候喝，但如果是孩子想哭時，就不要讓他利用喝ㄋㄟㄋㄟ的方式來逃避，而是讓他哭。像這樣，先讓孩子分清楚界線後，再正式進入斷奶期。

不過，一般來說，如果能夠利用跟孩子溝通，慢慢引導孩子學會用哭來發洩情緒，同時慢慢教導孩子，這樣才是最理想的狀態。

一到刷牙時間就哭

有個即將滿兩歲兒子的媽媽，她寫信告訴我說，在孩子一歲半的兒童健診時，醫院曾教她：

「孩子大概會哭叫著，不願意刷牙，只要讓他躺在媽媽的兩腿之間，並使他動彈不得，每天持續這樣做的話，孩子就會逐漸不哭。」

因此，她開始幫孩子刷牙。但也是從那一天起，母子間每天都會為了刷牙的事展開拉鋸戰，甚至到最後，連以前會乖乖接受的洗頭也開始排斥了。因為哭得太厲害，有時甚至會嘔吐，據說像這樣為了刷牙而哭的日子已經持續五個月以上。

我回信後，那位媽媽馬上嘗試我的作法。雖然第一天還是遭遇到挫敗，但幾天後，她又下定決心重新挑戰，結果，她的孩子依舊是大哭、大鬧。不過，過了幾天之後，聽說漸漸地願意讓媽媽幫他刷牙了。以前是只要一看到媽媽拿著牙刷，就邊跑邊哭，但在嘗試新作法後不久，只要媽媽說：「要刷牙了哦！」就會主動躺在媽媽的大腿上，張大嘴巴。

就我所說的以牽起孩子的手、增加身體接觸的引導來說，聽起來和在健診時這位媽媽所接受的建議應該是一樣的。但到底是哪裡不同呢？

其實那位媽媽在懷孕時期，心裡一直有個擔憂，所以每天都過得不是很快樂，有時候甚至會出現全身發抖的情況。所以，她一直很擔心那段生活經歷會影響到小男孩的成長。我想，小男孩看見媽媽的這個樣子，想必一定也很心痛吧！

因此，以身體接觸的方式鼓勵孩子刷牙，這件事本身絕對是正確無誤的；但對每一個孩子來說，最重要的其實是能被「體諒心情並獲得鼓勵」的作法。

另外，這對母子過去一定都習慣將自己的情緒封閉起來，從來不曾將自己擔心對方的心情傳達出來。在這樣的情況下，只要慢慢引導孩子學習用哭泣表達情緒（讓孩子哭、安慰孩子、等心情平復後停止哭泣），同時一步一步地進行刷牙練習就可以了。

如果急著一口氣將已經不懂得如何哭泣的心靈煞車器拿掉的話，孩子的內心就會過度扭曲，反而會變成很會哭、哭不停的狀況，這樣會變成另一種困擾。

因此，只要依照下列步驟：

①先把牙刷拿出來給孩子看，如果孩子哭了，就哄哄他；等到孩子能夠接受看到牙刷這件事後，這個階段就可以結束了。

②接下來，把牙刷拿靠近孩子一些，如果孩子哭了，就哄哄他；等到孩子能夠接受牙刷靠近他的這件事後，這個階段就可以結束。

③下一步，把牙刷拿到孩子的嘴邊。

④讓牙刷接觸到嘴唇。

⑤讓牙刷稍微碰到門牙。

……

像這樣循序漸進地慢慢引導孩子學會用哭泣表達，同時逐漸接受刷牙這件事就可以了。

如果面對的是不會用哭表達，而且每當要哭出來的時候，就會停止呼吸的孩子，衷心希望各位父母親一定要非常細心且注意地引導孩子學會用哭泣表達。另外，如果是在要哭或不要哭之間拉扯時，經常會吐的孩子，就要注意不要讓嘔吐物跑進氣管……如果狀況允許的話，最好是親子一起來接受諮詢，這樣就可以一起幫忙孩子克服不會用哭泣表達的狀況。

話說剛才的那位媽媽在抱著小男孩，誠心為強迫他刷牙的事道歉，並將必須洗頭的理由告訴他後，雖然小男孩還是又哭了一下，但聽說後來自己就主動說出「我要洗頭」了。

那位媽媽表示，她最深的感受並不在於刷牙和洗頭這些事情上面，而是媽媽對兒子的愛，以及兒子對媽媽的愛，都比以前更強了。

那大概就叫做心靈相通吧！我覺得似乎可以逐漸看見孩子過去一直沒有顯露出的內心。雖然還未成熟……說真的，和孩子比起來，我自己相對地還更不成熟。孩子的心裡一定很希望能讓父母幸福吧。

這位媽媽之所以會謙虛地表示「我比孩子還不成熟」，大概是因為看到兒子一直擔心媽媽的那種心情，才會有這樣的感觸。

應解讀為「不要」，還是解讀為「他只想說不要」呢？

聽到孩子哭著控訴時，要將孩子口中的「不要」解讀為真的「不要」，還是要解讀為只是「想說不要」而已呢？這兩者之間有很大的差異。

對於孩子口中的「不要」，你是會當真，認為此時孩子的心中充滿不願意，並覺得疼惜孩子；還是你會認為孩子總是為了這種小事耍任性因而發火呢？站在孩子的立場來看，後者恐怕會讓孩子很難對父母如實地發牢騷。

不過，當我們知道孩子的「不要」是在傾訴不滿，是試圖要從這些抱怨中掙脫時，就會同情孩子，並且對他們說：

「沒關係，沒關係，你要說多久都可以，我會聽你說的。」

笑著克服

在孩子哭的時候安慰他們，比較容易使孩子克服內心不捨得放棄的情緒，但並非每一次都需要這樣做。這麼說好像在反駁我自己的說法，但事實上，只要是在父母的同理與接納下養育成懂得用哭表達情緒的孩子，以後就不需要哭，可以用哭以外的方式。反而更能理解到不哭也能解決事情，除了哭還有其他方法（笑或聊天）可以嘗試。

54頁提到的小萌要上幼稚園了，媽媽已經做好心理準備。

（從半年前起，小萌就一直哭著說不要去上幼稚園，我心想大概要花很長一段時間，她才會習慣吧。上學後，每天早上要出門前或者到了幼稚園要跟我分開時，一定也會哭得很嚴重吧。到時候，就只能好好地安慰她了。）

但真的到了要上幼稚園時，小萌的表現卻有了一百八十度的大轉變。在家裡都會說「我不想去」，或者才剛開學就說「暑假怎麼不快點到」，但真到了要上學時卻說：

「和媽媽分開，小萌雖然覺得很寂寞，但我會努力的。」

到了幼稚園門口後，她會難為情地笑一笑，然後快步走進教室。

這位媽媽雖然會有些擔心地覺得「這樣真的好嗎」、「會不會太壓抑了」，但也有「這個孩子可以完全分清楚需要努力與不需要努力的時候呢」的感覺。

另外，聽說小萌現在已經不太會用哭來抒發情緒了，反而會藉由和媽媽一起大聲嬉鬧，或者大笑的方式來發洩情緒。

雖然我介紹了這個例子，但並不代表我同意避免讓孩子哭是最好的作法。因為哭泣這種自然治癒能力的功能，即使在長大、成人後，都是最不需要加以捨棄的一項能力。

不過，對教養來說，笑和幽默還是最高明的技術。我將在下一本著作《魔法的育兒諮詢》（書名暫定，世茂出版即將於二〇一一年出版）中介紹，有一個名叫小由的兩歲小女孩很討厭刷牙，還堅持說：「我不刷牙！」於是，她的媽媽就配合小由的身體動作和聲調的節奏。

媽媽：「小由，刷牙吧！」

小由：「小由，不刷牙！」

媽媽：「小由，好可愛！」

小由：「小由，不刷牙！」

以這樣的拌嘴的方式來和孩子互動，漸漸地小由露出強忍住笑的表情，最後就忍不住地大笑了起來，好像玩了一場非常有趣的遊戲。

結果媽媽因為太過感動，忘了要小由刷牙，小由卻主動說：「來刷牙吧！」並往洗臉台走。

用語言傳達感情

一個讀幼稚園的五歲男孩從一月中起，就開始出現奇怪的眨眼行為。據說他為了最近幼稚園即將到來的才藝發表會而熱中練習，但並沒有發生什麼奇怪的事。

但是，到了發表會的前一天，小男孩不管做什麼事都慢吞吞的，和平常完全不同，而且也不聽話。於是他的媽媽抱著他東扯西聊，結果發現他一直避談發表會的事。

當媽媽問他發生了什麼事時，他才說：

「其實我不想演狼。」

原來當班上決定在發表會上演出《歌劇小紅帽》時，小男孩本來是想演獵人的角色，但卻因為舉手太慢而失去機會。

當孩子可以像這樣傳達出自己的心情時，父母不僅會很開心，同時也比較容易提供協助。

媽媽：「這樣啊，那你一定很懊惱吧。那麼，反正明天就是發表會了，現在媽媽會聽你說，你就把『其實我是想演獵人的～可惡～！』這句話說出來吧，這樣心裡會感覺比較輕鬆哦。」

孩子：「獵……獵……」

孩子：「我不會說啦！」

媽媽：「獵・人。」

孩子：「獵人，我想要演獵人！」

我永遠忘不了他在說完後的那種如釋重負的開朗神情。

第二天，他成功地演出狼的角色，而我也為這個值得驕傲的兒子感動不已。至於他的眨眼症狀，在之後也完全恢復正常了。

大聲地喊出真正的心情，這和大聲喧鬧、大笑是有異曲同工之妙的解放方式。能夠善於利用哭泣來傳達情緒，或者以喊叫或大笑的方式來表達情緒的孩子，也會隨著成長而開始利用話語來傳達心情。他們會告訴父母在幼稚園或學校裡發生的事情。因為以哭泣向父母表達情緒的方式，乃是用話語表達的原點。

孩子鬧脾氣時的因應方法

心裡想做，但因為能力不足而做得不順利；自己想做的事遭到父母阻止，無法完成。而且不管等多久還是做不到。

孩子還不擅長將從中感受到的懊惱用適當的語辭來表現。

對於一歲半到三歲左右的自立期兒童來說，他們會以鬧脾氣的方式來宣洩這種挫折感。他們會緊握拳頭、面紅耳赤、尖叫、大哭、流淚、跺腳，或者是躺在地上揮動手腳，他們就是要用全身的力量來表達這種光靠放聲哭泣無法平復的心情。

最理想的情況是，當孩子過了自立期後，他們將能學會等待、學會用言語表達心情，也會冷靜地以哭來表達心情。不過，即使孩子沒能在三歲過後就達到上述的理想狀態，稍長一些才達成也無所謂。要提醒各位的是，那些在「不准哭的教育法」下成長的孩子一旦養成壓抑情感的習慣後，要學會好好表達將是難上加難了。

我們常聽到的「抓狂」，它和鬧脾氣是一樣的東西。最近聽說連會抓狂的老人都增加了，所以就算有會抓狂的父母，那也不足為奇。

如果你是那種偶爾會在生氣時找孩子出氣的父母，那就恭喜你了。因為這樣的你可以充分瞭解孩子鬧脾氣時的心理，也比較容易抱持同理地對孩子說：

「我們是同一國的，我們一起跟發脾氣說再見吧。」

我常聽說，有不少父母只因為不曉得如何處理孩子鬧脾氣的狀況，而對確實地將「正確的NO」傳達給孩子這件事上躊躇不前。但是，別擔心，只要瞭解孩子鬧脾氣的原因和解決方法，事情就可以順利發展，而且可以達到彼此都能接受的狀態。

正在學習如何自立的孩子，總會在碰到困難時就會舉手投降，總會因為無法自己踩穩腳步而跌倒。

但我們一定要知道，鬧脾氣中的孩子事實上是在大聲吶喊：

「我已經失控了，快點幫幫我啊！」

只要瞭解這一點，父母應該扮演的角色就很清楚了。

父母應該做的，就是支持孩子，讓孩子那即將倒下的自立心能夠筆直地站起來。

不過，這其中分寸的拿捏還是要視孩子的個性、狀況來決定。因為有些時

候，只要在一旁微笑看著（用眼神和言語來擁抱孩子），等孩子徹底發完一頓脾氣後，就能自己活力充沛地自己重新站起來了。

不過，大部分的孩子還是需要父母的擁抱，他們需要藉由在父母的身體上磨蹭來將那些懊惱的情緒擦拭掉後，才能重新站起來。

話又說回來，當駕駛員自己快要跌倒時，不知該說是懦弱還是自暴自棄，其實他們是很希望有人能幫助他們的。

當有人伸出手時，他們就會將別人的手撥開，彷彿在說：

「不要你管！」

但事實上，他們的內心想的卻是：

「雖然我說不要你管，可是請不要真的不管我哦。」

有些父母會將這些表面上的話當真，而鬆開擁抱的手，然而，孩子卻根本不可能因此而感到開心。

所謂的脾氣，就像是要斬斷無法如願以償的眷戀時所發出的牢騷一樣。因此，只要等徹底發完脾氣後，孩子就能回到平常的自己，而變得更容易聽話了。

在發完脾氣後，如果孩子能像俗話常說的「一會兒哭、一會兒笑」一樣展露可愛的笑容時，那就再好不過了。不過，有時候未必要等到露出笑容才聽話，如果能在情緒平復後，哭著聽話也是可以的。

「前一分鐘還像個天使一樣」這句話我們經常聽到，但是，縱使孩子正在鬧脾氣，他們依然是天使。如果只因為不瞭解要如何處理孩子鬧脾氣的狀況而束手無策，就不可能保持笑容在一旁觀望守護了。

我最喜歡一邊說不要不要，一邊聽媽媽的話。
哇～
啪啪啪啪
我也是！
我也是哦！

孩子能理解的教養⑥

建立親密關係

教養基礎的建立從嬰兒時期開始

正式開始教養，是在嬰兒期過後；但教養的基礎，卻是從誕生的那一刻開始就在逐步建立了。因為只要在嬰兒時期建立親子間的緊密關係，那麼等孩子再長大一點後，教養的過程就可以很順利地進行。而這也是因為孩子非常愛自己的父母，很信賴父母，所以自然而然地就會願意聽從父母所說的話。

反過來說，正因為是孩子非常愛與信賴的父母，孩子才能放心地反抗、宣洩情緒，因此才會產生親子間的衝突場面。不過，這件事和親子間建立緊密關係後，教養會比較順利上並沒有矛盾。因為孩子唯有在安心地盡情宣洩情緒後，才能獲得父母全然的理解。這一點我想各位父母親都已經瞭解了。

因此，當注意到親子間的親密關係變弱時，就要先修復彼此的關係，然後才再回到教養的路上。

父母永遠都是儲備著滿滿的愛在一旁待命，同時也認為這些愛理所當然地會傳達給自己的孩子，因此，往往會因不小心而有所疏忽。如此一來，好不容易儲備的汽油將無法為車子進行補給，這樣就等於毫無助益了。

懂得撒嬌的孩子會主動靠近父母，藉此為自己迅速加油，但有些孩子卻不然，他們必須由父母親主動地為他們的車子進行補給。保育經驗豐富的本吉圓子老師在她的著作《愛無敵！——給孩子滿滿的愛，孩子就會改變》（世茂出版）中表示，只要父母的愛能夠確實地傳達並滿足孩子，孩子自然就能健康成長。而且，最重要的一點是，父母不要視自己的狀況去疼愛小孩，而是要真心、確實地回應孩子在不同時刻所提出的「小小期望」（父母眼下即可隨時親手做到的小事，但對孩子來說，卻是很重要的期望）。書中介紹了許多像這樣藉由回應孩子的期望，使孩子重新站起來的真實故事，非常建議父母親們能看一看。

前面說到，當發現親密關係變得有點薄弱時，可以往原點退回一步，但請不要有所誤解。

我的意思並不是說隨時都可以暫停為孩子斷奶或是中止教導孩子。如果當真這麼做，可能會讓父母乾脆不教孩子。

當父母不敢好好教養孩子，孩子就無法成為了不起的大哥哥、大姊姊，並且會因此而感到沮喪。因此，絕不可以退縮，在教養孩子時，只要平衡地往以下兩個方向發展即可。

一是，「修復親密關係減弱的環節，這可以讓教養變輕鬆」。

另一個是，「靈活運用教養的方式，同時加深親密關係」。

接下來要以斷奶為例，介紹幾個「失敗反而是件好事」的例子。所謂「失敗反而是件好事」的意思是，因為遭遇失敗而使得親子間可以回到再次加深親密關係的階段，最後使得斷奶這件事也能夠順利地進行。

如果是孩子比較大，早就已經完成斷奶者，可以將這視為是教養的一個例子，並把它代換到孩子目前正面臨的問題上。

幸好斷奶「失敗」

這是三姊弟中老么的斷奶「失敗」錄。

這位媽媽感覺到，對兒子來說，喝奶時媽媽的溫暖懷抱已經不只是感覺舒適的地方，而更是一個避風港了。

之所以會有這種感覺，是因為她家的老么在每天早上起床後，都不想換衣服，而且送姊姊上學回家後，也不肯進屋裡，只想在外面玩。總之，不管做什麼事，都無法一次完成。雖然這位媽媽會講道理給孩子聽，請孩子配合，但孩子依然我行我素，這使得媽媽越來越煩躁……因為實在找不出原因，每次到最後只好使出母奶這個殺手鐧，就解決一切問題。因此，這位媽媽認為，只要讓孩子斷奶，目前所遭遇的問題就解決了。她相信只要孩子失去了「避風港＝煞車器」，狀況就一定會改善。

因此，在日本黃金週（四月二十九日～五月五日）開始前一天，那位媽媽向孩子宣佈要幫孩子斷奶，

「從今天開始，不可以再喝母奶了！」

當然，那個小男孩並不接受，就算媽媽在胸前畫鬼臉圖案給他看也沒用，他還是一直哭著要喝母奶。其實不管是哪一個小孩，縱使能接受斷奶這件事，但真的到了那一刻時，還是會因為眷戀不捨而哭泣。但是，就這個案例來說，那位媽媽卻感到「這樣做好像不太對，孩子還是需要母奶的。雖然育兒書上寫說只要過了一歲，可以獨力行走時，就可以斷奶了，但對這孩子來說，喝母奶似乎是一種心靈的依靠」。

因此，當這位媽媽問孩子：「你要喝奶嗎？」孩子就非常開心地喝了。

站在媽媽的立場，本來是計畫趁黃金週時實行斷奶，但不曉得她的兒子是

否有所察覺，竟然就患了中耳炎，等中耳炎快痊癒時，又長水痘，所以計畫就這樣一直拖延。

此外，今年春天，大女兒要上小學，二女兒也要上幼稚園（譯注：日本的學校是四月一日開學），因此，這位媽媽也無法投注所有的心力在兒子的斷奶計畫上。

由於這位媽媽對於自己的小學時代有不好的回憶，當時她不僅會怕一起上學的高年級學生，再加上個性內向，一直交不到朋友，所以感覺很孤獨。剛好大女兒的個性和自己很像，所以很擔心女兒如果跟自己一樣，那就太可憐了。

開學典禮的翌日，大女兒果真帶著毫無生氣的表情回到家。這位媽媽並沒有特別為女兒做什麼，只是順著女兒的情緒度過這一天，剛好接下來是週末，所以可以讓女兒放鬆心情。而這位媽媽同時也因為平靜地沉浸自己幼年時的孤獨回憶中，而排遣了不好的心情。隔週起，大女兒就開始帶著笑容回家了。開學後的一段時間，就是黃金週，也就是老么斷奶計畫的實行時刻了。

啊啊，幸好有放棄斷奶……在餵母奶的時候，我深深有這樣的感覺。

我兒子可能是覺得很孤單吧。明明他只有在喝母奶的時候，可以獨佔我，但我總是是在餵他喝奶時，不看著他的臉，而是和姊姊們說話，或者看報紙……這樣真的是會讓他覺得很孤獨吧。

於是，從那天起，只要他想喝奶，我就會餵他，並且為我過去的作法好好向他道歉。

結果，他早上願意乖乖換衣服了，肯穿上圍兜吃飯了，如果我說：「今天很冷，我們在家裡，不要去外面玩。」他也不會堅持說：「我要去外面！」縱使姊姊她們都在外面……。

雖然他還是像以前一樣愛撒嬌，喜歡來黏著我，但已經沒有以前那種痛苦的感覺了，而且也很聽話。

孩子沒有從媽媽身上實際感受到「被愛」的感覺，這真的是一件很糟糕的事。雖然我嘴巴上會說「我最愛你了」，而事實上，我也確實很愛他們，但我並沒有注意到自己的心和眼光都沒有看著他們。

斷奶計畫失敗，而且也因此受苦，但多虧有了這件事，才讓我注意到很多事。以前我一直把一切歸咎到喝母奶上，認為只要斷奶，一切都會好轉，但站在兒子的立場來看，如果失去了母奶，他就無法平靜下來。

像這樣暫停斷奶計畫，重新建立親子關係後，適合斷奶的時期一定會再度來臨。

在接下來的例子裡，就是媽媽在斷奶的過程中，站在孩子的立場同理孩子，讓孩子能再好好地說出想法與感覺，同時媽媽也注意到自己擔心的根源，並因此修復了親密關係。

斷奶第二天晚上

這位媽媽是在她兒子一歲三個月時實行斷奶的。這個小男孩還有一個三歲的哥哥。

斷奶第一天（星期六），兒子白天都待在托兒所，所以沒有任何問題，但到了晚上，仍在睡前大哭了半個小時左右才睡著。由於平常都是在半夜一點和早晨四點餵奶，所以我兒子果真在半夜一點時醒來大哭。

不斷吵、不斷鬧、弓起身體、打我踢我、一直哭不停。我自己也是一樣，睡衣都被母奶弄濕了，還有味道。這樣的狀況下還要孩子忍耐，那孩子真的是太可憐了，於是我就餵他喝了。

第二天（星期日）一樣是在嚎啕大哭半小時後才睡著。半夜一點時也是大哭大鬧，哭個不停。

那位媽媽依照桶谷式母乳育兒諮詢所老師的建議，說些「你很想喝奶吧，很難受吧，你很努力哦」之類表達自己能理解兒子心情的話，但完全沒有效。

我要強調這位老師的建議絕對沒有錯，而這位媽媽之所以能夠持續靠自己的力量達成目標，基本上也是因為有遵照這項建議的精神。

但是，由於孩子總是哭個不停，所以媽媽也出現了「或許現在斷奶還太早了？要往後延嗎」的想法。

就在這位媽媽準備餵奶時，突然想起她曾在我書中讀過的內容，於是，她試著猜猜孩子心情，並猛然驚覺到可能是孩子的心中還有什麼無法釋懷的事吧。

於是，我試著問他：

「是媽媽自己決定，不要再餵你喝奶，你不喜歡，是嗎？」

「媽媽在廁所裡擠奶擠很久，你自己在外面等，覺得很孤單，是嗎？」

「白天跌倒的地方還會痛嗎？想要媽媽再多『呼呼』一下，是嗎？」

我把所有能猜想到的都一一說出來了，但他卻是毫無反應。就在這時候，我腦海中突然閃過一件事。

「當媽媽知道你是男孩子時很失望，這讓你很難過嗎？」

在那一瞬間，原來哭得很激烈、吵鬧不休的孩子突然完全停止吵鬧。我真的很驚訝，於是，我再問他：

「媽媽一直想要生個女兒，但因為你是男生，所以你擔心媽媽不喜歡你，是嗎？」

這時候，他往我身上撲了過來。而且哭法也變得和剛才完全不同，轉為抽泣式的哭法。

「真的是這樣！……真的是因為這樣的事？」

雖然我是半信半疑，但他確實不哭了，於是，我又繼續說我的心情：

「媽媽本來真的是很想要一個女兒，所以當我知道肚子裡的寶寶是男生時，感到很失望。但是，當到你出生後，我看到你的臉時，覺得還是你比較好哦。我喜歡是男生的你哦。」

聽了這些話之後，哭法又從抽泣變成了微弱的撒嬌式哭法。

「你不喜歡我老是說我還想要第三個小孩，對不對？因為我想要一個女兒，所以你覺得自己是多餘的嗎？」

這句話又讓他有一點點反應。

「媽媽覺得第三個小孩是男是女都很好。我不是因為想要一個女兒才要再生的，我是因為還想要一個小孩，所以才想生的。我喜歡你是男孩子，而且我覺得你很可愛，我把你當成很重要的寶貝喔。」

說完後，他的哭聲裡開始夾雜著平靜的呼吸聲。

但是，我感覺還差那麼一步。

「『你是爸爸和媽媽最重要最重要的寶貝，晚安。』你也希望媽媽這麼對你說嗎？」

（這是從哥哥出生後，我每晚都一定會在睡前對哥哥說的話，但因為哄他們睡覺時間上的關係，我從沒有對弟弟說過。）

當我說完這句話後，他的表情變得很安心，然後就沉沉入睡了。

當然是在沒有喝奶的情況下。

弟弟平常總是在喝完母奶後，就背對著我，然後跑出棉被之外，離我遠遠地睡覺；但昨晚他卻面對著我，靠著我睡覺，而且就這樣一覺到天亮。

先生在一旁看著，雖然他聽不到我在說什麼，但看到本來大吵大鬧的弟弟突然不哭了，而且還睡得那麼甜時，他說他真的很驚訝。

有這樣的結果或許是巧合吧。但我的內心真的是百感交集，沒想到老師說的居然是真的。每當想到弟弟是那麼不安，而且還要靠母奶來消除這種不安全感時，我就不禁流下了眼淚。

很不可思議吧，經常被視為是什麼都不知道的嬰兒，竟然可以感受到媽媽在知道自己不是女兒時，那種瞬間失望的情緒，並將「我不是女兒，這樣可以嗎」的疑問藏在內心的某一個角落。

而且，這個時候居然是還在母體內的時候。雖然據媽媽說，這份失落感在她看見生出來的弟弟後就立刻消失了。

但是孩子還是和成人不同，他們無法清楚理解「媽媽以前是這樣想的」，記憶也不是那麼鮮明。那種懷疑只是以模糊的遺憾留在心裡而已，可能連孩子自己也不曾注意到。但即使如此，他們還是會下意識地想藉由母奶來排遣這種遺憾。也因此，在一般狀況下，只要遵照母乳育兒諮詢所老師的建議，就可以輕易克服的斷乳過程才會進行得這麼不順利。

但是，所幸這個過程讓媽媽注意到孩子的內心可能隱藏著某種情緒，最後也才得以以喜劇收場。

後來這位媽媽告訴我，從隔天起，雖然弟弟還是會在睡前哭個十分鐘，但還不至於大吵大鬧，然後就會乖乖睡覺了。

不過，請各位讀者不需要因為別人有這樣的經驗談，就開始擔心起自己的孩子或許也有某種嚴重的心靈障礙，或者對自己能否找出孩子的心靈障礙沒有自信（實際上曾做過，但不順利）。

假設這位媽媽根本已經忘記自己當初在知道是男孩時，有感到失望這件事（事實上，因為不是非常失望，就算忘記也是很正常的）、或者沒有注意到自己沒有對孩子說「你是爸爸和媽媽最重要最重要的寶貝」的話，這個狀態就會一直無法解決嗎？請放心，絕對不會這樣。由於親子的心靈會以各種形式重新連結，所以不必太擔心。

舉例來說，孩子可能會因為你誠心對他說「你好像有什麼事希望媽媽能夠瞭解吧？我想了很久，還是不知道是什麼。不過，我知道一定有哦。」就可以諒解妳了。

但是，如果再加上「如果你希望我一定要知道的話，你就繼續告訴我，而我也會繼續想的」的話，孩子可能就能更理解了。或者，當媽媽說：「媽媽都沒辦法瞭解你，我好難過喔。」而哭出來時，孩子可能也會跟著哭出來：「媽媽，你不必想得那麼嚴重啦……」

孩子的情緒可能也就會跟著變柔軟了。

重點在於不要因為對象是孩子就忽視他們，要抱持身為父母應有的愛心，重視一個身為獨立個體的孩子的內心。

總而言之，這位媽媽就是將孩子以「平常總是在喝完母奶後，就背對著我，跑出棉被之外，離我遠遠地睡覺」這些行為所表現出來的不滿化解了，才能重新建立親子間的緊密關係，同時也因此克服了斷奶的問題。

哭著說不要斷奶

接下來要介紹的是在建立在「想哭的時候哭」這種親密關係上，靠著修復最重要的關係，而克服斷奶問題的例子。

在準備斷奶的前兩個月，這位媽媽來詢問我，但當這位媽媽在諮詢室說出要讓她女兒斷奶的話時，諮商人員芳子老師（是我的內人）就以她女兒的心情說：

「我討厭斷奶！」

這時候，她的女兒就像是要呼應這句話般，大聲地且用力地哭了起來。

……每當芳子老師說一次「我討厭斷奶」時，我女兒就越哭越慘，好像

永遠都停不下來似的，真的哭得很厲害。看到女兒這樣子，我終於可以真正地體會到對女兒來說，喝母奶這件事有多麼重要。

「是喔，原來母奶在她的心裡是那麼重要啊！」

剪斷臍帶、斷奶，這對我這個成人來說，並不是什麼大事，只要不特別去管它，就可以毫無牽掛地做完。但當你站在嬰兒或孩子的立場，去體會他們的感覺時，就會猛然發現孩子的心，而那是過去我從來沒有注意到的一種心情。

媽媽可以實際感受到母奶對孩子的重要性，這在以引起父母的同理心來面對斷奶的問題上，是非常重要的一件事。

但是，如果同理心太強，就會覺得孩子很可憐，這樣也不行。

因此，必須讓媽媽瞭解到，雖然那對孩子來說是非常重要的，但還是必須具備願意克服那種不捨之情的心情與力量。

基於這個原因，諮商人員會在孩子情緒逐漸平復，哭得沒那麼嚴重時，對孩子說：

「雖然妳不喜歡再也不能喝奶了，可是，妳最愛的媽媽希望妳可以做到，那妳是不是可以跟ㄋㄟㄋㄟ再見了呢？」

「就算以後不喝ㄋㄟㄋㄟ了，媽媽還是會在妳身邊哦。媽媽的ㄋㄟㄋㄟ也是一樣，不會不見哦，妳還是可以看、可以摸的哦。」

「我們現在可以決定什麼時候要跟ㄋㄟㄋㄟ說再見了嗎？」

那時候，我女兒已經不再有那種抗拒的感覺了，雖然還是繼續哭，但感覺上似乎已經可以接受這件事了。在她哭完後，她露出了開心的表情！

而且，從那一天開始，她就好像換了一個人似的。從她的表情，我感覺到她已經能完全釋懷。有了這次的經驗給了我很大的信心，而且我也確信能成功。

於是，開始實行斷奶的日子終於來臨了。

大約從十天前開始，我就開始不經意地問她：「可以跟ㄋㄟㄋㄟ說再見了嗎？」或者故意看著月曆問她：「等到了這一天，是不是就可以跟ㄋㄟㄋㄟ說再見了呢？」我女兒則是很有精神地回答：「可以啊。」她甚至還會指著月曆，自己揮揮手說：「ㄋㄟㄋㄟ，再見。」因為表現得太開朗了，甚至讓我開始懷疑她到底懂不懂斷奶的意思。

這時，我想起芳子老師的作法，也以她的心情說：「我討厭斷奶。」時，她又和以前一樣開始大哭起來。

但是，就算是哭，她也絕對沒有像過去一樣，自己跑過來掀我的衣服想要吸奶；而當她終於哭完後，「我想喝ㄋㄟㄋㄟ」這句話也變成了

「我想喝茶」。

一個星期後，只要到了用餐結束後的喝奶時間，或者是睡前的喝奶時間，她還是都會哭。

由於阿部老師說這種時候哭是正常的，不哭才反而要擔心，因此，我以平常心來看待、陪伴她。如果當初沒有認識老師，也沒有學會這一些方法，相信我一定會因為女兒哭泣的模樣而感到猶豫不決、焦急，甚至會覺得「我可能是選錯斷奶的時間了」而鬆懈下來。而最重要的是，我將無法得知女兒的真正想法。

看著女兒不停地哭泣、嚎啕大哭，還會對我說出：「我好難過喔，媽媽！」這種真心話，這真的令我感到開心。我覺得「天啊，真是太好了」，我感覺她是在用哭來確認「我自己的真正想法是什麼」，而且她也很信任我，認為「媽媽一定可以瞭解我的真正想法」。

在最後，那位媽媽之所以會說當她看著女兒哭泣的模樣時，感覺她的女兒是在確認「我自己的真正想法是什麼」，這是有更深一層的原因的。

原來這位媽媽說，自己的人生當中，所有煩惱的根源就在於自覺到已經喪失自己個人的真正想法。

然而，在懷孕、養育女兒的過程中，再加上認識了老師之後，她感覺又逐漸找回自己了。

「心靈的傷」來自於真心話無法直接說出口。人之所以會痛苦，並不是因為體驗本身產生的痛苦，而是因為一直關在這糾纏不清的情緒裡，才會感到痛苦。多虧老師告訴我，阻止孩子想哭的心情會造成心靈問題，我才能夠坦然面對嚎啕大哭的女兒；而看到自己能夠這樣做，那份喜悅更是勝於一切。

「妳可以大聲地哭哦。哭出來，好好確認自己真正的心情是什麼，感覺到自我的存在。而且，也可以將真正的情緒發洩在媽媽身上哦。」

這是我對女兒的心願。而正因為這個心願得以實現，連我自己也覺得已經逐漸找到自己真正的心情了。

正式告別奶瓶

接下來要介紹的是某個已舉行過兩次奶瓶畢業典禮的孩子的例子。

「奶瓶寶寶到嬰兒國去了！」

有一個小朋友連續幾個禮拜都大哭，不睡覺。看到孩子這麼痛苦的樣子，這位媽媽心想，可能是沒有讓自己的小孩正式和奶瓶說再見吧；又或許是孩子在還沒有做好心理準備，就直接要他戒奶瓶吧。

於是，這位媽媽問她的孩子：

「是因為奶瓶突然不見嗎？是因為你還沒有跟它說再見嗎？」

孩子回答：「嗯。」

這位媽媽又再問：「你想跟它說再見，希望它再回來一次嗎？」

孩子又點頭說：「嗯」。

因此，我就在奶瓶上畫了一個微笑圖案，並以奶瓶演偶戲給孩子看：

「晚安，聽說你在哭，所以我就來跟你見一面哦。你還好嗎？」

然後交給他。結果，他馬上露出燦爛的笑容。

（真的很燦爛。於是我終於了解到，孩子真的是很痛苦。）

「幫我裝水！」

他把奶瓶拿給我，我就幫他裝水。

他非常開心地啾啾啾地吸了起來。可是，才吸了一下子，就好像已經吸完了。他把奶瓶放在桌上後開始去別處玩，這時反而是我的腦海中出現一大堆問號「什麼？這樣就好了嗎？」

「不吸了嗎？」

「嗯。」

「奶瓶要回去嬰兒國了哦？」

「嗯。」

「你跟它說再見了嗎？」

「Bye-Bye。」

近乎冷靜地說完再見後，又充滿活力地繼續玩了。

過了三十分鐘左右，他突然回到自己原先放奶瓶的地方，當發現奶瓶不在時，他只是露出「不見了」的神情，而後又繼續去玩了。我在一旁看著，覺得他那個樣子應該是已經接受奶瓶不見了的事實。

從那一晚開始，他就不會再哭吵著要奶瓶寶寶了，也很乾脆地戒掉了奶瓶。現在已經過了三個多月了，他偶爾還是會說：「奶瓶寶寶回家去了……」但並不會再大吵大鬧或大哭，只要含著奶嘴就能入睡了。

而且，他還會說：

「我已經不是小嬰兒了！」

「我已經是大哥哥了！」

從那時起，他每天都在挑戰各種新事物、不停地說話、唱歌。

啐啄同時

母奶（配方奶也是一樣）是嬰兒的重要營養來源，因此，除了可以作為放鬆（心靈營養）的工具外，當有什麼重要的情緒無法讓媽媽知道時，也很容易成為逃避的手段。

附帶一提，斷奶或離乳並不是指父母可以完全不顧寶寶的情緒，擅自中斷哺乳，而是必須由父母和孩子雙方基於相同的意願，斷然向母奶道別才可以。

同樣地，離乳也不是等孩子自然地從哺乳期畢業，而是應該要像學校一樣，選擇適當的時期舉行畢業典禮，由親子基於相同的想法一起參加畢業儀式般地正式道別。

只要能夠這樣想，不論是斷奶或離乳，在意義上就沒有太大的差異。

禪宗有一句話叫做「啐啄同時」。

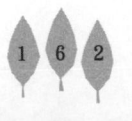

意思是當雛鳥準備從蛋裡破殼而出時，會從蛋的內側啄殼，這就叫做「啐」；而親鳥從蛋的外側啄，則稱為「啄」。只要啐與啄同時發生，雛鳥就能平安誕生。據說「啐啄同時」這句話是基於這個意思而來的。因此，看準時機，由父母誘導孩子離乳也是很重要的。

但是，如果是抱持著要哺乳到孩子主動說「不想喝了」的人，只要記住下列三件事即可。

①在孩子想喝時才餵。

②不要將喝奶當成是逃避的手段，想哭時就要鼓勵孩子哭出來。

③建立與親密關係。

另外，有些人會利用在胸部畫鬼臉的方式來讓孩子斷奶，請不要誤認為這個方式的目的是在威嚇孩子。這是桶谷式斷奶法會使用的一種步驟，而這種方式的意義和畢業典禮上的嚴肅儀式的意義應該是完全相同的。桶谷外見老師表示，從看到畫後理解而接受斷奶，並且勇敢長大的孩子身上，可以感受到「大自然運行的力量」。

重點在於孩子要如何接受斷奶。

然而，能順利斷奶最重要的就是父母支持的心。父母必須理解與諒解孩子即將與母奶告別，即將成為大哥哥或大姊姊的那種煩躁不安的感覺，並且要和孩子併肩共同克服困難。只要能做到這一點，畫不畫鬼臉就不那麼重要了。

阿部國小

孩子能理解的教養⑦

父母要重視自己

孩子天生就愛父母

我們懷抱著成長過程中的遺憾與牽掛成為了父母。不過，我們並沒有因此而責備自己，也沒有因此遭人責罵；但是我們卻會將內心的焦躁發洩在孩子身上，或者將自我否定的情緒反映在孩子身上。這樣真的是很不應該。其實，只要父母能重新找回原來的自己，親子間的信賴關係就能建立。我很想將這稱為神奇力量，但只要想到親子間的強力牽絆，這可能就稱不上是神奇了。

有些人經常會說「我無所謂，只要孩子健康就好了」之類的話，但孩子對父母的這種一廂情願的想法是無法理解的。每個人的人生都一定會出現各種起落，不可能會只要凡事小心就能永保幸福。但是，只要媽媽能抱持「我就是我，我會珍惜自己的人生，勇敢向前走！」這種積極的態度，並讓孩子感受到，那麼孩子就能理解，同時也會跟著勇敢邁向自己的人生。

關於詳細作法，建議合併閱讀我的下一本著作《育兒諮商魔法書》。但目前可以立即實行的就是請重視自己，要留一點時間給自自己。

「這樣的我真是太棒了，太令人感動了。」

「我並不是無能的，我也是拚命努力到現在哦。」只要像這樣激勵自己就可以了。

在這種時候，心裡可能還是會出現一些負面的聲音「怎麼可能，我根本就是沒用的人，一點也不棒」。

這時候，只要笑著告訴自己「沒關係，沒關係，本來就會有出現這種想法」就可以了。

外出散步、抬頭看看天空、冥想、找熟識的朋友、看看電影、享受閱讀或音樂的樂趣、把自我否定或痛苦的情緒拋向天邊等等……只要孩子看到父母這麼重視自己，天生愛父母的他們也會跟著感到安心。

面對遺憾的情緒

焦躁、抑鬱、自我否定、自責、不確定感等等……不論是哪一種情緒，只要能溫和處理就可以了。至於情緒的情緒則要特別重視，因為只要稍不留意，就會被當成壞人。

所謂憤怒是在有所困惑、感到孤單、懊惱……等種種情緒不斷累積，連自己也不知如何解決時所爆發出來的情緒。其實這和孩子沒有直接的關係，只是父母自己內在的情緒。但由於這些情緒又不能用大叫「誰來幫幫我」的方式宣洩，所以容易在不知不覺當中就會把氣發在孩子或另一半身上。

如果我們能清楚了解，在非找個出口發洩憤怒的背後，可能是困擾、寂寞、懊惱等的情緒已達到臨界點了，也可能是這些情緒的源頭是希望有人疼惜

自己，那麼你看待情緒的方式就會截然不同。

憤怒雖然是自己個人的情緒，但是你要站在原地不動，然後發洩到某個人身上嗎？還是要細細體會這種憤怒的感覺，找出憤怒根源的重要情緒呢？

這裡就是最重要的分水嶺。

有一位媽媽對自己很容易把氣出在孩子身上的這件事感到很煩惱，於是我告訴她：「既然那麼生氣，那就在這裡把那些怒氣發洩出來吧。」

這是因為雖然前面提到要細細體會憤怒的感覺，但與其獨自體會，還不如在一開始就借用對方的手掌或推或打，或者向別人傾訴，這樣能更容易表現出來。基本上，本來就是因為想要有人傾聽，才會把氣出在別人身上的。

不過，就算我如此謹慎地誘導，那位媽媽還是完全無法表現自己的情緒。她說：

「我會想起小時候爸爸只要一喝酒就罵媽媽的樣子，所以根本沒辦法生氣。」

「妳小時候並沒有看過妳父親生氣的樣子哦。」我說。

「什麼？」那位媽媽說。

「妳看到的是父親把母親當作出氣筒的樣子吧？妳的父親根本就沒有真正生氣過吧？」

「啊啊，原來是這樣啊。」

這時候，那位媽媽終於知道憤怒與發洩怒氣的差異了。

後來，我要她用色鉛筆胡亂塗鴉，她這次終於可以痛快地表現出憤怒了，而我也可以預見她以後不會再將孩子當成出氣筒了。

有一位媽媽在參加完媽媽療癒會回家後，看見她的兒子正拿球往剛換新的紙門上丟，這時候，一股怒氣立刻湧上。

但是，她突然想起剛才在療癒會上學過的「感覺看看憤怒躲在身體的哪一個角落」，於是她決定試著做看看。

> 肚臍上方有點發熱，然後逐漸擴大，在那一瞬間，我將兒子抱了過來。雖然我不知道細微的情緒變化（過程）是怎麼樣，但所謂躲在憤怒背後的心情，應該就是這個吧！
>
> 我感覺到很幸福。

請各位一定要試試看。還有一種方法，如果忍不住打了孩子時，請不要將手從孩子的身上拿開，就那樣一直擺著，試著去感受當下所產生的心情。這時

候，應該會感受到和對孩子的怒氣完全不同的情緒，只要你細細去體會就可以了。

痛苦的感覺為什麼會累積成為強烈的憤怒呢？這是因為我們大部分的人都非常不善於去感覺或體會那些在我們的人生中所產生的特別情緒。而這和「不讓孩子哭的教育法」的流行也有關係。

因此，請接受那個只會將焦慮、憤怒發在孩子身上的作法。並且請慢慢地讓自己更成熟，不要再受自己的情緒操控了。

疼惜「愛鬧彆扭的小朋友」

大多數的人在情緒當下，並不會去細細體會，而是把它隱藏起來。但其實心裡是很想告訴身邊的人，卻又忍住不說。然而這樣做並不是我們意志力驚人，而是在不自覺中就會這麼做。

我們可以將這種狀態稱之為「鬧彆扭」、「固執」，或者「怯懦」。

在這裡我要介紹一位媽媽。她偶然間在我的諮商室解開了在幼時深層記憶中那執拗的情緒，並接納疼惜那樣的自己，現在她已經能夠輕鬆面對女兒鬧脾氣了。這位媽媽就是在54頁和121頁中和我們分享經驗的小萌媽媽。接下來，我就要介紹這個很棒的例子。

記得那天，當我太太扮演媽媽叫她「過來」時，已經沉浸在幼時情緒的小萌媽媽開始鬧彆扭地動也不動。但是，當拉起她的手耐心誘導時，她勇敢地說出了「不要、不要」，並且開始耍起性子。

芳子老師牽著我，秀雄老師從背後推我，但我還是說：「不要不要，我不想去。」

這是我第一次發現到自己也有這一面。

那時候，我已經非常痛苦，眼淚不斷落下，我本來很希望我能就這樣嚎啕大哭，

但是，事實上我並不希望老師因此放開我的手。

雖然當時很痛苦，就連現在想起來，胸口還是緊緊的，

雖然痛苦，但那一刻是很幸福的。

如果以前痛苦的時候、傷心的時候，

能像老師們那樣，即使被罵，只要有一雙手願意拉我起來，

我不曉得會有多開心。

「謝謝你，愛鬧彆扭的小朋友。」

如果可以說出這一句話就好了……

不耍脾氣是無法成長到現在的，

但是，我清楚知道，耍脾氣的我並不可愛。鬧脾氣是很痛苦的。

我們對小萌媽媽的作法，就是要讓堅信「鬧彆扭的我不可愛」的媽媽接納自己並說出：「我就是因為鬧彆扭才可以順利成長，對此必須抱著感謝之心才行。鬧彆扭幼稚的我是長女，我的兩個女兒則是老二、老三，只要抱持這種心情，好好疼愛『愛鬧彆扭的小朋友』就可以了。」

當天，那位媽媽回家後——

今天小萌真的是很愛鬧脾氣。

每次她鬧脾氣時，我就抓住她，緊緊抱住她，結果她就笑出來，又開始撒嬌……（偶爾也會有不笑的時候，是真的在生氣……）

但是，現在的我已經比以往更能享受這種「互動」的樂趣了。

教養是親子的共同功課

教養就像是玩撲克牌遊戲

在實際的教養中，要運用前面介紹的「孩子能理解的教養」各種方法。不是由父母對孩子單向進行的教育，也不是一種父母對孩子唯唯諾諾的姿態，而是要讓親子分別說出自己的想法，從互動中互相了解。

基本上，就是要父母負起教養之責，相信孩子有上進心，親子間平等相處，遇到意見不同時，要互相討論直到找找到共識的過程。換句話說，「所謂教養，雖然是由父母發揮主導權，但要由親子共同運作才能順利進行！」

這個過程並非事先決定好的，而是要在「自己這樣出招，對方那樣回應，而在視回應之後又這麼做」的互動中自然發展。

這種互動就像是在玩撲克牌一樣，要先想清楚對方可能出什麼樣的牌，然後再各出一張牌。以這種「如果你出那一招，我就出這一招」的方式引導或撒嬌、哭或笑的互動。

換句話說，就是「所謂教養，是一種互相拿出手上的牌，卻又會伴隨著意外發展的創造性過程！」

這是一場不同於撲克牌，而是用彼此的行動或態度的出牌狀況來互動的遊戲。唯一和普通的撲克牌遊戲不同的是，這並不是一場誰勝誰負的比賽，而是一場雙贏的遊戲。

「孩子在接收到父母的要求後，提出自己的主張，表現出自己的情緒，最後由親子達到彼此都能理解接受的共識。」

像這樣，不急著找出結果，充分享受遊戲的過程。只要過程愉快，通常都能獲得彼此都能接受的結果。

親子都很痛苦

接下來的例子是一位媽媽為了很愛鬧脾氣的三歲兒子受盡了各種折磨，但在我們書信往來的諮商支持下，最後終於恢復了美好的親子關係。在這個過程中，到處都可以看到我們前面所介紹過的教養方法，閱讀時請多留意這些部分。

【最初的諮商】

我的兒子即將滿三歲了。不論吃飯、洗澡、刷牙、上廁所等等，所有生活上必須要做的事他幾乎都用拒絕的態度來面對。

回顧過去，從他六個月開始學會爬的時候，就已經會抗拒換尿布了。後來越長越大，抗拒的東西也越來越多。

小時候，只要他抗拒，我就會一直在旁加以勸導，也提醒自己要平和地解決。但自一年前開始，因為狀況真的是越來越頻繁了，我終於失去了耐性；最後，我把他罵到哭，並且用恐嚇的方式要他聽話。於是，這樣的戲碼開始反覆上演。

由於我自己的情緒尚未平復，必須在生氣的狀態下照顧他，因此，都會以粗暴、冷淡的態度對待他。每當我用這樣的方式逼迫孩子、傷害孩子後，自己又會陷入一種自我厭惡的窘境。

孩子也是一樣，最近幾乎是每隔兩天，就會大發一次脾氣。程度嚴重到會尿褲子，而且每次不花上一個小時以上，是絕對無法安靜下來的。

每當這個狀況一開始之後，我就會感嘆：「我怎麼會讓自己變得這麼辛苦呢。」這時候，我會努力地去抱他、對他好一點……但是，真的是很痛苦。

另外，他現在是極度討厭外出。每當要出門時，就會要我抱他，一步也不願意自己走。就算事先說好只抱他到什麼地方，他也會躺在路上耍賴，動也不動。我試著勸他、哄他、罵他……最後是歇斯底里地哭著硬要他聽話。後來連我自己也都不想出門了。

我們在家裡玩的時候很開心，相處得也很融洽。那時我會覺得他很聽話，很可愛。

但是，只要一到了要洗澡、上廁所、刷牙、剪指甲……等等的時間，我就會從我們「要做嗎？」開始，然後我們兩個就會在不斷地重複「不要↓要↓不要↓要」之間拉扯，最後總在我的責罵聲中結束。吃飯時也是一樣，不僅要我餵他，還要坐在我的腿上吃。

現在雖然還在喝母奶。但是因為我想等他自己決定不喝再斷奶，而不急著用斷奶的方式，所以一直將停止餵奶的時間交由孩子決定。但現在他似乎已經將喝母奶當成心情不好時的避風港，所以每次被罵以後，就會經常吵著要喝奶。這可能也是因為孩子可以感受到，每當媽媽在餵奶時，前一刻的怒火就會消失，然後恢復溫柔的關係吧。

自從生產後，我就很容易生氣，心裡累積著許多的不滿。工作辭掉、沒時間和朋友一起玩樂、沒有自己的時間、沒有人幫忙，我完全陷入了被害者意識。可能是這樣的情緒連帶地影響到孩子了吧。

雖然我先生會幫忙做所有的家事，但完全不會幫忙照顧小孩。或許是因為孩子都只會來找我的關係吧，總之，他是完全不會照顧小孩。玩遊戲時也是一樣，孩子比較喜歡跟我玩，不喜歡跟爸爸玩，所以，可以說是片刻都離不開我。就算跟我先生訴說煩惱等，他也只是默默聽著（眼睛一直看著電視），最後說一句「真是傷腦筋耶」就結束了。

我自己也不知道為什麼會對任何事都感到這麼生氣。雖然我也會試著傾聽孩子的心情，並抱起他來，但只要孩子一哭，這種「不要再折磨我了」的思緒就會整個佔據我的腦海。與其說是孩子的問題，不如說應該是我自己的問題吧。請老師教教我解決的方法。

我知道這是很多媽媽的共通煩惱。孩子嚴重的鬧脾氣、母親感到焦躁不安，這些我都非常瞭解。

基本上，這位媽媽說她的怒氣是從生產以後開始累積的。但是，說不定這個怒氣是從結婚前就存在了。

這位媽媽表示她的先生都不幫忙照顧孩子，但會幫忙所有的家事；所以，我想她的先生可能是不知道該怎麼幫忙照顧小孩、不知道該怎麼回應這位媽媽的訴苦吧！

我在諮商室回信給她，這次的重點並不在於是哪種具體建議幫她解決了問題，而是誠心誠意地對她的心情與煩惱表示同理與支持，或許是因為這樣她才能靠自己的力量恢復活力也說不定。

【用全新的眼光看待孩子】

謝謝您的回信。在看老師的回信同時，我的眼淚一直流個不停。

回過頭去看看自己的情緒（孩子能理解的教養⑦）

每一句話、每一個字都打動我的內心，我放聲大哭，哭到哽咽，連我自己都沒想過我會哭得這麼厲害。不知道有多少年沒有這樣哭了。我真是由衷地感謝老師。

從小，我的父母感情就不是很好，家人相處時也只會互相指責對方缺點。我一直無法原諒一喝了酒就會亂罵人的父親，也對只顧工作、不關心我的母親感到失望。

我想我可能是對我兒子耍脾氣的樣子和我父親的樣子有所混淆了吧。另外，我也可能將「渴望獲得認同」的心情轉移到我先生身上。

誠如老師所言，孩子是在展開一場「幸福作戰」，他是要幫助我學習如何面對情緒。

幾天前，我難過得哭了，而我兒子也流著眼淚幫我擦淚。默默流淚的哭法一點也不像孩子，充滿了體貼，好像是在說他什麼都懂。

一個大人對著才兩歲的孩子哭，孩子一直幫我擦臉，直到我不再哭泣。後來兒子的擁抱給我非常平靜的感覺，是我永遠也忘不了的。這次的經驗非常奇妙，彷彿親子角色互換一樣。

可以有這樣的擁抱嗎？怎麼可以在孩子的面前哭呢？後來我一直這麼想。

親子的心情連結在一起（孩子能理解的教養⑥）

當然可以有這樣的擁抱啊。

【金魚之死】

隔天早上。

「媽媽，金魚、金魚……」

緊緊擁抱哭泣的孩子，發自內心地安慰他（孩子能理解的教養⑤）

兒子臉色大變，跑來找我。原來是他喜歡的金魚死了。

我緊抱著放聲大哭的兒子，第一次感覺到自己可以發自內心地傾聽他的心情。

由於我們住的是公寓房子，沒有院子，所以在安慰他一會兒後，我告訴他：

「我們把金魚埋在附近的河邊吧？」

於是，我們就出門了。

「到天堂去，要過得很幸福哦。」

「要再投胎，在河裡開心地游泳哦。」

但是，等到真要挖土把金魚埋起來時，他好像還是無法接受。

「我要帶牠回家！」

用手阻止想把土推回去的孩子（孩子能理解的教養④）

不被表面上的要求欺騙，抱持同理（孩子能理解的教養②）

他又哭又鬧，一直要把挖上來的土回填。

我壓住他的手，拚命安慰他，但他哭得眼淚、鼻水、口水齊流，甚至還尿褲子，全身弄得濕答答的，最後我們好不容易才回到家。

後來他因為太累，哭著睡著了。但我知道他在醒來後，一定會再將憤怒和難過的情緒發洩在我身上，所以我做好了心理準備等他醒來。

醒過來後，他果然開始找藉口了。

「你去買巧克力球！」

如果是平常的話，這時候我就會生氣。而事實上，我也差點出現「什麼！都已經這樣安慰你了，竟然還要巧克力球。」這種生氣的情緒。

但是，我居然不斷提醒我自己「不可以在這個時候

重新調整自己差點發怒的情緒（孩子能理解的教養①）

生氣」。

「這是孩子在表達他的痛苦，並不是任性。」

我不斷地這樣告訴我自己。但在怒火不斷延燒，在差點燒出來時，我想起自己小時候，也非常希望父母瞭解我的心情，於是更加確定「不可以讓我的兒子有相同遭遇」。

你看，是不是運用了各種「孩子能理解的教養」方式呢？

【小男孩重新站起來】

他又哭了很久，最後又尿褲子，我又帶他去換了衣服。不久後，哭聲稍微變小，當我覺得奇怪時，哭腫了眼的兒子突然發出一聲「咦？」同時站了起來說：

「媽媽，妳看這個。」

兒子又像沒事人一樣恢復了正常，真叫人難以置信。

後來，他心情好到讓人覺得不可思議。而且，他已經在餵魚缸裡剩下的兩隻金魚了。

「成功了！」

我的內心充滿了成就感與滿足。

不光是因為孩子聽話而已，我的成人之心終於恢復正常，不再任意被不成熟的內心幼童控制，同時也能幫助兒子心靈的駕駛重新振作起來，這才是我最大的喜悅。

如果要用一句話來形容孩子在那之後的樣子，那就是「對一切充滿活力」。即使被訓誡一下，也不會像以前那樣地沮喪，或者跟我鬧脾氣。

雖然兒子還是會耍脾氣，但方式已經跟從前不一樣了，而我自己的應對方法也改變了。

哭完後，又能活繃亂跳了（孩子能理解的教養⑤）

【嶄新的每一天】

配合孩子的節奏，用笑容跨越障礙（孩子能理解的教養⑤）

例如昨天——

孩子：（生氣地）「這個、我不要！」

我：（笑著用開玩笑的口氣，和孩子相同的步調）「這個、要！」

孩子：「這個、不要！」

我：「這個、要！」

因為一直反覆，最後好像變成在玩遊戲一樣，非常開心。

看見我故意鬧他的態度，他差一點就笑了出來，但是，我感覺他是在忍耐，好像是在告訴自己「我絕對不可以笑，我現在是要生氣」而硬是強迫自己生氣。

為了不輸給他，我也一樣強忍著不笑，但在不知不覺中，這個狀態終於在笑聲中結束了。

以前每當我故意鬧他，想要笑時，總是會出現反效果，使得雙方都對彼此的態度感到很生氣。

但這一個禮拜以來，他會自己說要外出、他坐上暌違了一年半左右的超市購物車、第一次要我先生幫他洗澡……他用自己的力量跨越了無數的障礙。

至於剩下的煩惱，我已經完全不擔心了。

各種親子課題

親子課題會因為不同的家庭，或者是即使相同的家庭，但在不同的時間下而出現完全不同的發展。我們就以「我要在公園玩，我不想回家」這個例子來

說明。

父母親：「已經約好今天五點半要和爺爺、奶奶一起吃飯了，只能玩一下子就要回家了哦。」——說明理由。

孩子：「嗯。」

（嘴上是答應了，不曉得會不會乖乖回家……不行、不可以。怎麼可以一開始就舉白旗投降呢）——取回父母的威嚴。

父母親：「好了，該回家了。」

孩子：「不要，我還想再玩！」說完後繼續玩。

好了，來想想看，接下來會有什麼樣的發展呢？

例①

父母親：「那，只能再玩五分鐘哦。」——可以接受的讓步。

孩子：「嗯，知道了。」

父母親：「五分鐘到了哦，回家吧。」

孩子：「嗯，回家吧。」

例②

父母親：「不可以讓爺爺、奶奶等，我們回家吧。等明天再來玩吧。」——說明理由，並提出替代的方案。

孩子：「知道了，回家吧。」

例③

父母親：（對了，只要站在孩子的立場想就可以了）「你還不想回去，對吧？還想再多玩一會兒，是不是？」——抱持同理心，幫孩子解釋。

孩子：（馬上靠過來）「媽咪，我們回家吧。」

例④

父母親：「剛剛已經約好了喔！回家吧！」然後去追他。孩子大叫著跑來跑去，媽媽一邊喊著「站住、不要跑」一邊追他。持續這樣的遊戲一會兒。——開心地玩。

孩子：「啊啊，好好玩喔，我們回家吧。」

例⑤

父母親：「好了，回家吧。」——牽著孩子的手引導。

孩子：（出乎意料地乾脆）「嗯，回家吧。」回應後，手牽著手回家。

例⑥

父母親：「好了，回家吧。」——牽著孩子的手引導。

孩子：「不要、不要、不要、不要！」

一邊喊著，一邊想要將媽媽的手甩開。

父母親：「不要、不要、不要、不要。」

一邊唱和，緊緊握著孩子的手，不要被甩開。

孩子會將捨不得離開的心情，藉由用力摩擦媽媽牽著他的那隻手來發洩。

媽媽要配合孩子想要甩開的力道，體諒孩子的心情。

孩子：「不要、不要……」

孩子嘴裡如此說著的同時，能理解媽媽的解釋並同意回家。

例⑦

父母親：「好了，回家吧。」——牽著孩子的手引導。

孩子：「不要、不要、不要、不要！」

一邊喊著，一邊想要將媽媽的手甩開。

父母親：「不要、不要、不要、不要。」

一邊唱和，緊緊握著孩子的手，不要被甩開。

孩子在不久後哭了出來。

父母親：「我知道你還不想回家。」——安慰。

孩子在哭泣中理解並同意回家。

例⑧

父母親：「好了，回家吧。」——牽著孩子的手引導。

孩子：「抱我。」

父母親：「那，只能抱到那個路口哦。」——可以接受的讓步。

孩子：「嗯。」

孩子從約定好的路口開始自己走回家。

其他還有各種可能發展出來的模式可以發想。

並沒有唯一的標準答案。做錯了也沒關係，請從多方面去嘗試，並找出屬於該時刻的、只屬於自己親子互動的最佳模式。

好，那我就……
出這一張嗎……

漫畫：傳授所有教養絕招的兵法書

飛撲術
唰！
咦！
好痛！好痛！
假哭術
什麼！
嘿嘿嘿。
唰～！
緊抱術
抱緊。
配合術
放開我。
不放，不放。
幽默術
好痛、好痛。
和媽媽一起好痛、好痛。

安慰術
我知道、我知道
嗚嗚~嗚嗚~。
拉鋸術
把兵法書還我。
不還、不還。
微笑回報術
知道了，還給你吧。
好孩子、好孩子。
微笑。
攤開。
一、教養有很多方法。
二、同理孩子內心的感受。
三、牽著手引導孩子。
微笑
微笑

結語

育兒是一種技巧，很難用文字傳授，以前都是很自然地由上一代傳給下一代。但隨著時代變遷，生活方式和育兒條件有了截然不同的改變，因此，已經越來越難找到符合現代的育兒法了。

父母自己從小接受的教養方式通常應該會成為自己育兒時的拿手招數，但在時代的激烈變動下，過去古老世代的方法是否能成為現代年輕父母可以遵循的典範，這就無法確定了。

然而幸運的是，從幾十萬年、幾百萬年的漫長歷史中延續至今的育兒智慧，已經刻畫在我們的基因當中了。因此，我們只要回想遙遠的記憶，並將該智慧運用到現代就夠了。

我從事育兒諮商已經有很長的一段時間，最近越來越覺得所謂的育兒諮商就是要幫助父母回憶起自己幼時的那段記憶。舉例來說，在應該如何面對孩子要脾氣的課題上，只要讓父母親身體驗猜想孩子的心情，那麼即使是小時候從未有過類似經驗的人，也能夠同理孩子，並能豁然開朗。

我認為雖然同樣是需要技巧，但這和現代文明之初首次出現的自動車的駕駛等等還是有根本上的差異。因此，當無法順利運用本書中所介紹的各種方法而感到一籌莫展時，請前往我在日本各地的夥伴處詢問。讓他們幫助你回憶起古老的記憶吧。

如果狀況許可的話，也希望各位能來參予我們的活動，將你回想起的智慧傳遞給其他的父母們。

國家圖書館出版品預行編目資料

做孩子的心靈捕手：不打不罵才能教出好孩子/
阿部秀雄作；陳玉華譯. — 初版. --臺北縣新
店市：世茂, 2010.10
面； 公分. --（婦幼館；119）

ISBN 978-986-6363-68-9（平裝）

1. 育兒　2. 親職教育

428.8　　99012873

婦幼館 119

做孩子的心靈捕手

不打不罵才能教出好孩子

作　　者／阿部秀雄
譯　　者／陳玉華
主　　編／簡玉芬
責任編輯／謝翠鈺
封面設計／比比司設計工作室
出 版 者／世茂出版有限公司
負 責 人／簡泰雄
地　　址／(231)台北縣新店市民生路19號5樓
電　　話／(02)2218-3277
傳　　真／(02)2218-3239（訂書專線）、(02)2218-7539
劃撥帳號／19911841
戶　　名／世茂出版有限公司
單次郵購總金額未滿500元（含），請加50元掛號費
酷 書 網／www.coolbooks.com.tw
排版製版／辰皓國際出版製作有限公司
彩色印刷／祥新印刷事業有限公司
黑白印刷／長紅彩色印刷公司
初版一刷／2010年10月

定　　價／240元

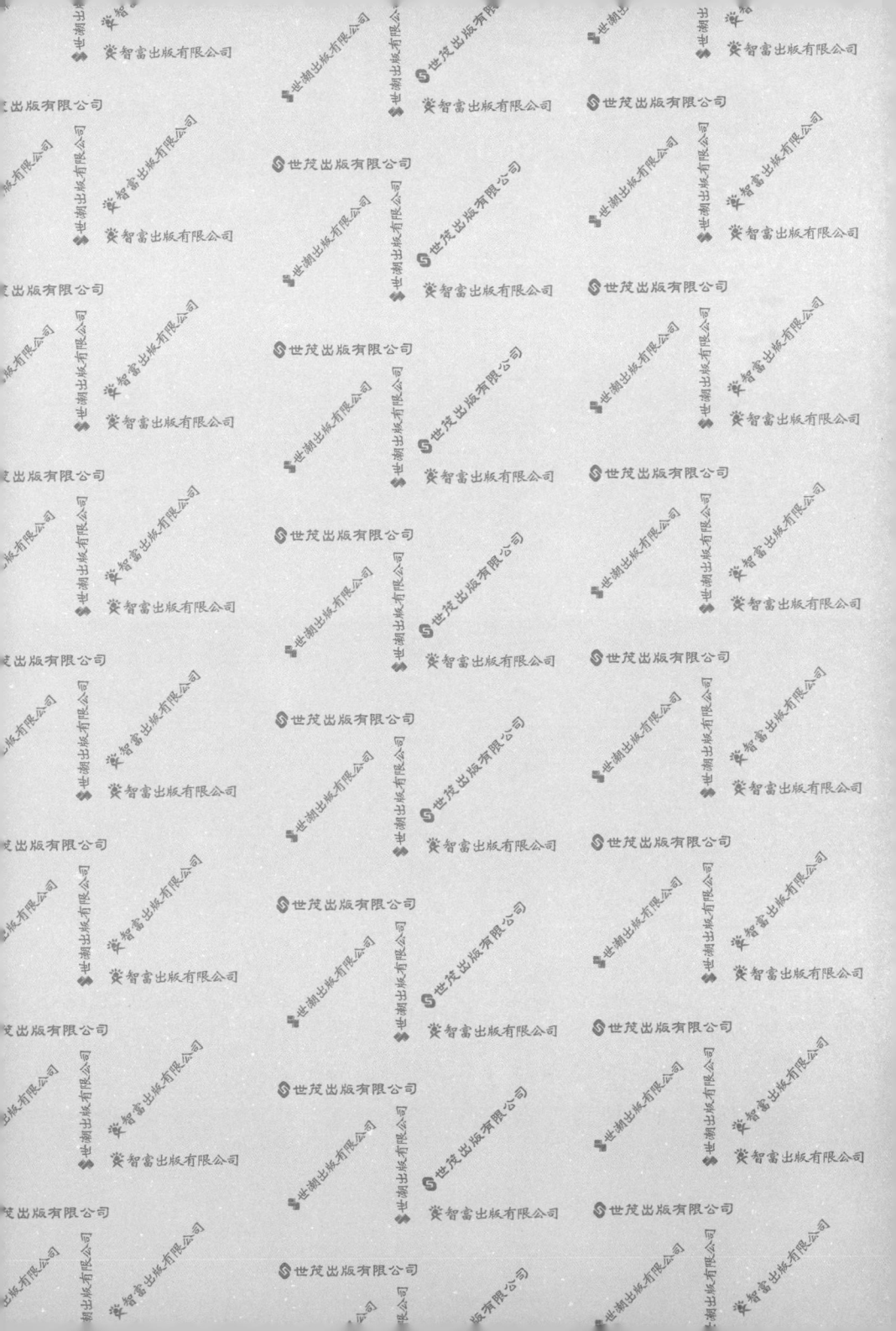